"文化旅游：绍兴故事新编"丛书

绍兴名人

朱文斌　何俊杰　主编

余晓栋　丁晓洋　张书娟　副主编

浙江工商大学出版社
ZHEJIANG GONGSHANG UNIVERSITY PRESS
·杭州·

图书在版编目（CIP）数据

绍兴名人/朱文斌，何俊杰主编. — 杭州：浙江
工商大学出版社，2023.3
（"文化旅游：绍兴故事新编"丛书；9）
ISBN 978-7-5178-4814-1

Ⅰ.①绍… Ⅱ.①朱… ②何… Ⅲ.①名人—生平事
迹—绍兴 Ⅳ.①K820.855.3

中国版本图书馆CIP数据核字（2022）第006265号

绍兴名人
SHAOXING MING REN

朱文斌　何俊杰　主编

出 品 人	郑英龙
策划编辑	任晓燕
责任编辑	熊静文
责任校对	何小玲
封面设计	屈　皓　马圣燕
责任印制	包建辉
出版发行	浙江工商大学出版社
	（杭州市教工路198号　邮政编码310012）
	（E-mail：zjgsupress@163.com）
	（网址：http：//www.zjgsupress.com）
	电话：0571-88904980，88831806（传真）
排　　版	杭州彩地电脑图文有限公司
印　　刷	杭州宏雅印刷有限公司
开　　本	880 mm×1230 mm　1/32
印　　张	44
字　　数	460千
版 印 次	2023年3月第1版　2023年3月第1次印刷
书　　号	ISBN 978-7-5178-4814-1
定　　价	228.00元（全9册）

序言

　　文旅融合、重塑城市文化体系，核心是激活、转化、创新文化资源与文旅产业，形成色彩斑斓、各具特色、生动活泼的文化旅游大格局，而讲好绍兴故事、传播好绍兴声音必然意义非凡。

　　由浙江越秀外国语学院、浙江传媒学院组织编纂的这套"文化旅游：绍兴故事新编"，是面向广大青少年和游客的系列普及丛书。书中通过民间故事、历史逸事、神话传说等角度取材编写，系统地向大家介绍了与绍兴有关的越中名人、历史文化、名川大山、江河湖泊、千年古桥、黄酒、越茶名寺、古镇古村、名楼名阁等九大方面故事，从

多种维度书写了绍兴城市独特的历史芳华，浓缩了古越大地的千年文脉意象，使之成了为广大青少年和来绍兴的游客解码绍兴城市历史文脉的一把钥匙和引领他们漫溯古越文化的一艘时光乌篷。

丛书中的故事通俗易懂、情节跌宕起伏、语言优美生动，既有历史的维度，又有文化的内涵，每个专题在用多个故事还原绍兴历史文化的同时，对绍兴大地的风物、地

貌、人文、历史等方面都进行了故事性的直观描述和清晰解读。在这本书里，绍兴已不仅仅是一个停留在人们头脑里的地域性存在和耳朵中听闻的故事叙述的空间，而是变成了一个向广大青少年和游客诠释、展示和输送绍兴整座城市精神、气质、品格的重要平台。我想，这部丛书的出版对于广大青少年和游客应该可以产生三个层面的积极影响：

一是使广大年轻人更加了解绍兴故事和感知绍兴文化。丛书中大量吸引人、感染人的故事情节和故事事实，可以使年轻人更加了解素称"文物之邦、鱼米之乡"的绍兴是"山有金木鸟兽之殷，水有鱼盐珠蚌之饶，物有种养工贸之丰，城有山水人文之绝"的；同时使年轻人更加深刻地感知到灵光四射的越中历史文化，体悟到延绵不绝的绍兴人文思想，并让这种深厚的历史文化与风土人情形成持续的吸引力与影响力，熏陶、浸润和教化一批又一批的年轻人。

二是使广大年轻人更加热爱绍兴故事和敬仰绍兴文化。

让广大年轻人在了解绍兴故事和感知绍兴文化的基础上，更加充分地了解到，在绍兴这片古老的大地上，一万年前就有于越先民繁衍生息，中华民族的人文始祖在这里开天辟地，灿若星辰的先贤名士在这里挥洒才情；感知到，从越国都城到秦汉名郡，从魏晋风流到隋唐诗路，从南宋驻跸到明清士都，从民国峻骨到新中国名城，绍兴先民在古越大地演绎了荡气回肠的侠骨柔情和续写了延绵不断的千年文脉，使年轻人发自肺腑地生出热爱绍兴故事的人文情怀和敬仰绍兴文脉的文化凝聚力。

三是使广大年轻人积极传播绍兴故事和弘扬绍兴文化。当广大年轻人对绍兴故事和绍兴文化产生强烈的人文情怀和较强的文化敬仰之情时，他们就会自然而然地将绍兴文化中的人文精髓植入并内化到自己的生活、学习之中，并会自觉向更多的人讲述他们眼中的绍兴故事、文化特色和人文情怀，并能够积极地将那种跨越时空、超越国度、富有魅力并具有当代价值的绍兴文化精神自觉地传播和弘扬开来，从而在故事的讲述中延续绍兴传统历史文化的价值体系，使绍兴独特的历史文脉传承有序，长盛不衰。

实现上述三个层面的效果就是我们广大文旅工作者和教育工作者为广大青少年朋友讲好绍兴故事的应有之义和必然选择，我想这也应是浙江越秀外国语学院组织编纂"文化旅游：绍兴故事新编"这套丛书的题中真意和初衷本意了。

讲好绍兴故事，首先要让年轻朋友们融入绍兴情景并产生感动。就让我们在这套丛书的故事中陪同大家品读和感受绍兴的江南意涵与万年气象吧。

何俊杰

（中共绍兴市委宣传部副部长、市文化广电旅游局局长）

2019 年 11 月 24 日

目录

天仙缘大禹

　　大禹陵，古称禹穴，位于浙江省绍兴市越城区东南稽山门外会稽山麓，是大禹的葬地。1996年，大禹陵被国务院公布为全国重点文物保护单位。

大禹，家喻户晓，是上古时期的治水英雄。而他和涂山氏的爱恋更是充满着神秘色彩。

话说，大禹的父亲鲧因为治理洪水没有什么进展而被代行天子政务的舜惩罚，后舜在尧帝死后询问四岳谁可接任治水重任，经商议后决定任用大禹。大禹为人聪明机智、吃苦耐劳，在接受舜帝命令之后，便立刻与益、后稷一起到任，并让文武百官发动那些服劳役的囚犯分治九州土地。他自己也一边树立木桩作为标志，一边测定高山大川的状貌，这一路上穿山越岭便来到了绍兴。

这时的大禹年岁见长，看看身边早已成家的好友，其儿女已能四处奔跑玩耍，又看看只身一人的自己，心中不禁生出了几丝孤寂。然而，冥冥之中自有天意，有一天，大禹为了勘测地形来到涂山，恰巧听到涂山人在唱歌：

绥绥白狐，九尾庞庞。

我家嘉夷，来宾为王。

成于家室，我都攸昌。

这里哼唱的歌曲的意思大概就是说如果你在这里成家立室，就会子孙昌盛。这首歌无疑在大禹心里烙下了印记，也加深了他那娶妻成家的念头。

缘分天注定，大禹就在这个时机遇到了让他十分心动的女子——涂山氏。涂山氏，容貌秀美，身姿曼妙，端庄娴雅，是当地有名的美女。当然，这涂山氏的身份也不简单。相传，她本是一头九尾白狐，因为仰慕大禹的风采，也发自内心地对大禹治水之举感到佩服和可敬，于是，便刻苦修炼，得以化形为人，并给自己取名为"女娇"，这实为"女妖"之意转化而来。

俗话说,女追男隔层纱,更何况天时地利已在。女娇尽心尽力地筹集粮食和调兵遣将,又利用自己的智慧和大禹共商治水和安邦定国大计,替大禹分忧。人本就有七情六欲,大禹在女娇的体贴和帮助之下,不知不觉间就对她产生了爱慕之情,真是百炼钢化为绕指柔。

但是,现在不是谈情说爱、互相倾诉思慕之情的好时候,治水工程刻不容缓,大禹只能暂时抛却儿女情长,把这份真情藏在心里,先集中精力攻克治水难关。

大禹久不归家,女娇受相思之苦,有感而发地吟唱道:"候人兮猗!"表达的意思是:"等候的人儿啊,多么地长久!"女娇自己也没想到,她随口吟唱的四言竟成了南方最早的一首情诗。后来大禹从女娇的使女那得知此事,备受感动,又恰逢治水工程有所突破，于是与女娇喜结连理。

　　然而，婚后的甜蜜生活总是短暂的，大禹肩上的重担也未到放下的时候，于是他在婚后的第四天就四处奔波。治水大业实在不容有误，即使大禹内心十分渴望回家，也不得不把这份思念深埋于心，以至于几次经过家门都没有时间进去看望贤惠的妻子。《史记·夏本纪》有记载："居外十三年，过家门不敢入。"这可见大禹的敬业，后来也有了大禹"三过家门而不入"的美谈。

　　但是，女娇不是普通的女子，她将所有的苦楚咽下，每天都默默地等候丈夫的归来。可日复一日、年复一年，女娇终究没有等到心爱的大禹，自己反而化为了一块石头。大禹治水归来，发现自己日思夜想的妻子竟然化为了岩石，一想到再也不能见到妻子的音容笑貌，不禁悲痛欲绝，止不住地大

声呼唤涂山氏，情呼恸天地……突然！巨石应声而开，只见里面有一孩童，这便是大禹与涂山氏的儿子——启。

大禹三过家门而不入，女娇在无尽的等待中化为岩石，大禹难道不爱女娇？不，不是！大禹深爱着女娇，但他更知道身上的重任，他的敬业与坚守让他将美妻与家庭抛在脑后，而女娇的坚韧与对他的信任更是让他没有后顾之忧。

大禹与女娇的爱情没有缠绵悱恻，没有轰轰烈烈，但有细水长流的柔情与天地合乃敢与君绝的忠贞！

雪国耻勾践

　　中华民族的优秀传统文化就像暗夜中闪烁着光芒的北斗星一般，给人们指引着前进的方向。其中有那么一副对联在极大程度上弘扬了中华民族吃苦耐劳的伟大民

族精神，也激励着无数炎黄子孙，那就是"有志者，事竟成，破釜沉舟，百二秦关终属楚；苦心人，天不负，卧薪尝胆，三千越甲可吞吴"。它讲述了一个励志的热血复国的故事。

相传在春秋时期，越王勾践自以为兵力强盛就准备出兵攻打吴国，范蠡进谏劝越王不要轻敌，但越王不听。一番较量后，越国果然不敌吴国。打了败仗的越王勾践退守勾嵊山。他虽然成功地保住了性命，但因为无法摆脱吴王夫差的追杀，在走投无路之下，和范蠡一起被俘虏去了吴国。

吴王为了羞辱越王，派他做看墓与喂马这些奴仆才做的工作。越王虽然心里很不舒服，但仍然极力装出忠心顺从的样子：吴王出门时，他走在前面牵着马；吴王生病时，他在床前尽力照顾。吴王看他这样尽心地伺候自己，没有反抗也没有怨言，而且不论吴王提出怎样的要求他都照干，时间久了，吴王以为勾践已经真心归顺，最后就允许他重新返回越国了。

"吴既赦越，越王勾践反国，乃苦身焦思，置胆于坐，坐卧即仰胆，饮食亦尝胆也。"

越王勾践重返越国后，发誓要洗刷自己在吴国当囚徒的耻辱。正如《孟子》所言："天将降大任于是人也，必先苦其心志，劳其筋骨，饿其体肤，空乏其身，行拂乱其所为，所以动心忍性，曾益其所不能。"他每天通过劳作让自己的身体感到劳累——十年里，他过着普通农民的生活，亲自到田间种地，吃着自己种出来的粮食，穿着夫人做的衣服。为了告诫自己不要忘记报仇雪恨，他每天都睡在坚硬的木柴上，还在座位上吊一颗苦胆，吃饭和睡觉前都要品尝一下，时刻提醒自己要记住教训。

他严格要求自己，不断地反思，也做出了改变——他对待贤明的人毕恭毕敬，重用文种、范蠡等贤能之士；整顿内政，完善法律；发展生产，富国强兵。除此之外，他经常到民间视察民情，替百姓解决各种问题，让人民安居乐业。同时，他还亲自选送绝代佳人西施、郑旦等美女进入吴宫，以此蒙蔽吴王，使其沉湎女色。

经过十年的艰苦奋斗，越国变得国富兵强。越王抓住机会，亲自率领军队进攻吴国，最终大获全胜。吴王夫差羞愧得在战败后自杀。后来，越国又乘胜进军中原，成为春秋末期的一大强国。

如今，走进坐落在绍兴的为缅怀越王勾践卧薪尝胆、复国雪耻而建立的越王台，我们仿佛可以在时间的斑驳与沧桑中体会到越王勾践忍辱负重前行时的艰辛与痛楚。而在赞叹越王惊人毅力的同时，也可以想象出越王凯旋时站在城门上扬眉吐气的飒爽英姿！

由此可见，一时的失败并不可怕，可怕的是一个人失去了站起来的勇气！努力之后，其实一切皆有可能！负重前行的日子固然难熬，但只要你有恒心，总会抵达拨开云雾见天日的那一个时刻！等到那时再回头看，或许你会觉得这一切都只是风轻云淡，而那些辛酸也都值得。

时光流逝，但卧薪尝胆的精神却从未走远！

为民马太守

　　马太守庙，位于浙江绍兴鉴湖之滨，跨湖桥以南，始建于唐开元年间，元和十年（815）扩建，后增修不绝，今存前殿、大殿和左右厢，是清末建筑。

古朴的建筑外观下不仅暗藏玄妙的壁画，更展现那为民造福却不得善终的好官——会稽太守马臻的风采。

相传，马臻从小就聪明伶俐并且勤奋好学，与当时的雅士一样，他很喜欢通过游览来增长见闻。他年轻的时候，就已经感受过让人惊叹不已的四川都江堰，因此十分敬佩能做出这样丰功伟绩的李冰父子！于是，他当场有感而发，立下了"壮哉，大丈夫为官当如此"的豪言壮志。这种由内心深处发出的敬仰其激励作用是可想而知的，一个好的偶像无疑是最好的人生导师，马臻就此开始了自己的水利伟业。

在他出任会稽太守一职时，正是大雨瓢泼、山洪暴发的时节，当地百姓苦不堪言却又无可奈何，他们终究无法与天抗衡。于是，如何治理水患，让

当地百姓免除水祸，安居乐业，成了他奋斗的目标。他日夜不休，四处访问……功夫不负有心人，马臻在经过详细的查勘后发现，要想解决绍兴这样雨季易山洪暴发、旱季易颗粒无收的恶劣自然环境问题，唯一的出路就是兴修水利，通过发展农业来改善人民的生活。

但是，没有什么事情是一帆风顺的。马臻的水利工程遭到了不少当地豪强、世族的阻挠与打击，修缮工程一度搁置，他的性命也多次受到威胁，但他最终还是坚持自己的理想，发动当地百姓，努力勘测，完成了我国水利史上最早、最大的水利工程之一——鉴湖治水工程。

据史料记载，鉴湖修成以后，整个会稽山北部平原不再遭受洪水之苦，而曹娥江以西约九千顷土地平畴千里、稻香阵阵。然而，马臻最终还是因为损害了当地世族与豪强的利益被设计陷害，更因朝廷的昏聩最终被处以车裂这一极刑，一代功臣就此被恶势力的洪流吞噬。

幸好，当地百姓都很感激马臻的恩德，其中也不乏正直之士，又有后任太守感念马臻的伟绩而多加帮助。于是，马臻的冤情很快被上报朝廷。皇帝专门派人调查此事，最后竟然发现之前万人书上状告马臻的人都是族谱上的先人，那些罪名也都是"莫须有"的！原来这一切都是当地豪强既想维护利益又想逃脱责任而想出来的诡计，万人书上的名字都是他们通过家谱找出的已故之人的名字。

《会稽记》有记载："创湖之始，多淹冢宅。有千余人怨诉于台，臻遂被刑于市。及台中遣使按鞠，总不见人。验籍，皆是先死亡人之名。"真相虽大白，却已无力回天。

　　好在后人并没有忘记马臻的功德，不但好好安葬他，还为他筑墓立碑，更是选择马太守农历三月十三生日这天举行鉴湖三月赛龙舟的特色活动。清代诗人周师濂《寒食日看鉴湖竞渡》组诗中的开头一首就描绘了这一盛景："嬉春三月有龙舟，仕女莺花队队游。未出常禧门两扇，早闻箫鼓闹湖头。"

　　每年逢三月十三这一天，各乡村的龙舟队就一起上阵，旁边还有拉拉队助威，一时间锣鼓喧天，场面十分壮观。龙舟周身雕满龙鳞，长有百尺，健儿奋力划舟行如飞；还有各种杂技表演的灯船，或旋飙轮，或标杆，或架秋千……更有各种戏班子演出的歌舫。当然，热闹不只是在湖面上、湖岸上，富豪之家也会搭起一个个彩棚进行各种娱乐活动。

　　清代诗人宗圣垣的《镜湖竞渡词》更是有详细描述："镜湖三月湖光春，浴鸥渡通桃花津。永和

太守湖之神，筑塘卫田功在民。于时报赛神出巡，
龙舟竞渡来酬恩。乡堡各张凌波军，群龙跋浪争
掀腾……"

马臻虽已身死，但彰显他的功勋、承载他的精
神的鉴湖依然存在，感念他的绍兴人民也将世代传
扬他的故事，铭记他的贡献！

戒珠王羲之

　　如果去江南，就要到这烟雨朦胧下美如画卷的水乡绍兴。而到了绍兴，除了鲁迅，最有名的莫过于书圣王羲之了。一提起王羲之，人们就会不约而同地想起一个地方——戒珠寺——王羲之故居。

王羲之故居坐落在绍兴市越城区蕺山南麓，在西街上，蕺山街北端。依山临街的它，幽偏适中，寺内殿廊洁净、佛相庄严，是城中的八大名寺之一。

不少人会疑惑为什么一代书圣王羲之的住所要取名为"寺"呢？难道王羲之是佛教中人？说来这里还藏着一段非常有借鉴意义的故事呢。

相传王羲之所好有两样，一是爱鹅，一是癖珠。王羲之为了让十指灵活有力，增强书写的气势，达到入木三分的境界，就养成了随身佩戴晶莹剔透、珠润玉圆的明珠的习惯，不时将明珠握在手掌中来回摩挲，以此来让自己的手指变得更加有力。

在一个微风不燥的午后，王羲之忽然间来了兴致，便去池畔观赏白鹅戏水。正当他握着明珠，沉浸在自己的世界中时，忽然一个家童上前禀报，有

一位交情至深且多年未见的僧友前来造访，正在书房坐候。王羲之听后十分欣喜，便连忙前去与这位僧友叙谈，随手将明珠放在了桌上。

在王羲之与僧友叙旧交谈的过程中，家童忽然又前来禀报，有位客人在门口，说要急见王羲之。王羲之虽然不知是何人何事，但出于礼节，还是请僧友稍等，自己去一探究竟。

等到王羲之打发掉那位客人兴致勃勃地回来后，却发现桌上的珠子和僧友一起不见了。过了些许时刻，僧友从外边回来，连声称赞王羲之的府宅壮美。王羲之望了望桌上，又望了望这位尘外之人，虽然没有明说，但脸上已经流露出鄙夷之色。

尴尬的气氛蔓延开后，僧友感受到了王羲之的不悦，也大概猜出了王羲之的想法，虽满腹委屈，想辩解些什么，却又觉得不必辩解，也不知道该如何辩解。虽自知清者自清，却也是快快而去。

这位僧友无端遭受了不白之冤，因此伤心过度，茶饭不思，没多久就以"坐化"为名，不吃东西饿死了。

僧友去世的消息很快就传到王羲之的耳朵里，但没想到几乎是同时，王羲之家中的一只大白鹅突然出现了病快快、不吃不喝的状况，没过几天也死了。

在惊叹巧合的同时，大家都觉得十分奇怪。大家商议后，便决定剖开鹅的肚肠一探究竟，谁知道竟然在鹅肚里发现了那颗明珠。王羲之这才意识到原来那天是大白鹅误把明珠当饲料吞进肚里了，找不到明珠和那位僧友一点关系都没有！

王羲之每每想到自己为了一颗俗物而怀疑、伤害了最真挚的朋友时，都非常后悔，也越发觉得当

时的自己有那荒唐的想法是多么可笑。

从那之后，王羲之便痛下决心，戒了玩珠之癖。为了纪念那位清白的僧友，他还把自己的整座住宅和田园山林一并捐给了佛门建寺庙，并亲笔为寺庙题写横匾"戒珠寺"。一是以失落明珠的事件为教训，告诫自己对朋友应以赤诚相待，不要轻易怀疑朋友；二是取《法华经·序品》中"精进持净戒，犹如获明珠"之禅意。

你若走进戒珠寺，就一定会在感受着王羲之生活场所散发出的独特魅力的同时，意识到其实一些凡事俗物都不过是过眼云烟，没有什么比最真挚的感情更加珍贵的了！

所以在世间的我们更要珍惜缘分，感恩知遇！

风流贺秘监

绍兴贺秘监祠，俗称湖亭庙，位于绍兴市内学士街。相传此处曾为贺知章的行馆，脍炙人口的《回乡偶书》也是在这里写成的，后人因贺知章曾在秘书监任职，

将其改为贺秘监祠以示纪念。

贺知章是浙江会稽（今浙江绍兴）人，而浙江在古时有"四明"的称呼，所以贺知章在晚年归乡后，就给自己起了"四明狂客"这个号。"狂"并不代表猖狂无度，相反，他一生旷达不羁、为人豪放、情商出众，完全是"真名士自风流"，并且，他的人格魅力让他广交好友，其中就有忘年交——李白。

据说，当时已经年过四十的李白终于得到了唐玄宗的诏书，得以到京城做官。可是李白并没有一到京城就得到唐玄宗的召见，反而被安置在紫极宫的客房中无人过问。

另一方面，贺知章在得知李白已经抵达京城的消息时十分激动，他早就读过李白的诗词，并且对李白写的诗词大为赞赏，可苦于没有机会相见，现在终于可以见识一下李白的"庐山真面目"了。

为了给李白一个休整的时间，贺知章特意选在第二天才去拜访李白。当他真正见到迎面走来的风度翩翩的李白时，不禁赞叹道："好风度，真乃从天而来的诗仙！"而当两人在房内就座后，贺知章便马上询问李白有没有新作可以拜读，他已经迫不及待地想要一睹为快了。李白便笑着拿出了他新出炉的《蜀道难》。

贺知章随即沉浸在李白的诗作中，竟然一边打着节拍，一边哼唱起来……"真是文采斐然，怕只有天上的谪仙才能做到了。"他说完就马上派人去请乐师、邀好友，打算大摆筵席来为李白洗尘接风。

宴席上，大家一起欣赏哼唱李白所作的《蜀道难》《乌栖曲》《长干行》等曲目，每个人都酣畅淋漓、忘乎所以。天色渐渐暗下来，大家也终于酒足饭饱，打算乘着夜色尽兴而归。

　　"啊!"众人忽然听到贺知章一声惊呼,酒意顿时散了一半,纷纷询问出了何事。只见贺知章摸摸这摸摸那,然后苦笑一声:"出来得太急,竟把钱袋忘在家了。"众人一听,都笑成一团,有客人说:"这不是什么大事,我带了银子,先用我的吧。"正当客人掏出钱袋打算付账时,只见贺知章摆摆手说:"不用,今天是我要摆宴席宴请诗仙,该是我付账。"他说着就解下一个亮闪闪的小金龟递给掌柜,然后回头对众人说:"没有银子,那也还有金子,办法总是有的。"

　　金龟在当时可是只有三品以上的官员才有资格佩戴的,是身份的象征,而在贺知章的眼里,这不过是一块寻常的金子。这之后,京城就有了金龟换酒的说法。

　　不得不说,贺知章对李白真的是关怀备至,他积极地帮助李白，使其迅速融入京城这个大圈子，也积极地向皇帝引荐李白。李白的名声就这样渐渐地在京城传开了，皇帝也因为他的几番引荐而召见了李白。

贺知章虽身为高官，但并没有循规蹈矩、谨言慎行，反而是狂放不羁。明明在朝廷做着秘书少监的正经官职，却自称"秘书外监"，其中就有不务正业、逍遥自在的意思。更随性的是，他还"遨游里巷""遨嬉里巷"，从来不顾自己的朝廷高官身份，也不乘马坐轿讲究排场，只在长安的大街小巷里瞎溜达，探寻乐趣。

到了八十五岁时，他就执意请求辞官，回乡养老。唐玄宗劝说无果，只得答应。但皇帝对贺知章的喜爱绝非空谈，特意为他修筑道观，赐名"千秋"，并将周边数湖改为放生池，还任命贺知章的儿

子为会稽郡司马，这一切不过是为了方便贺知章的家人照顾他。

　　贺知章回到阔别已久的家乡自然激动不已，但离家的时间实在太久，那些稚儿全然不知他是谁。贺知章感叹岁月流逝，于是诗兴大发地写了融久客他乡的伤感、回乡的亲切感于一体的《回乡偶书》其一：

　　　　少小离家老大回，乡音无改鬓毛衰。

　　　　儿童相见不相识，笑问客从何处来。

　　贺知章虽有一些伤感，但这显然没有困扰他太久。他身上也没有久居高位形成的不可一世，反而平易近人，虽自称四明狂客，实际进退有度，让人如沐春风。他时常到寻常老百姓家游戏玩乐，大家也都知道这位不拘小节的老者爱酒，总会在家备上自酿的好酒，虽不及京城美酒，但也别有一番趣味。喝喝酒，踏踏青，赏赏景，贺知章回乡后的生活可谓是多姿多彩、有滋有味。

痴情陆放翁

沈园是国家 5A 级景区，位于绍兴市越城区春波弄，为宋代著名园林，至今已有近千年的历史。沈园，又名"沈氏园"，是南宋时一位沈姓富商的私家花园，园内

亭台楼阁、小桥流水、绿树成荫，一派江南景色，是绍兴历代众多古典园林中唯一保存至今的宋式园林。

这座美丽的江南园林千年来向世人讲述着一个凄婉的爱情故事，沈园也因此成了人们心中爱情的象征。

相传陆游和才貌双全的唐琬两小无猜，两个人一起玩过家家，一起读书识字，一起下棋。到了年纪，两家议亲，陆家以一支祖传的钗头凤作为信物，定下了唐琬这个媳妇儿。

南宋绍兴十四年（1144），一个风和日丽、阳光明媚的日子，陆家的门上、中堂上都贴上了红双喜，即"囍"，就连棉被上、枕头上也都绣上了"囍"。二十岁的陆游，和表妹唐琬结婚了。

婚后的陆游和唐琬，"伉俪相得""琴瑟甚和"。

他们两人从小青梅竹马、耳鬓厮磨，感情甚笃。唐婉，字蕙仙，自幼文静灵秀，不善言语却善解人意。能和自己最爱的又懂自己的女人结婚，是一个男人幸福到骨子里的事。何况唐婉不光是个美女，还是个才女，两个人在一起总有说不完的话、道不尽的情。新婚燕尔，你唱我和，吟诗赋词，如胶似漆，如影随形，幸福之情溢于言表，以至于陆游纵然在睡梦里都会笑醒。两个人都被幸福冲昏了头脑。

缘分是一种很玄的东西，有的人有缘却无分，有的人有分却无缘，有的人有缘相聚、相合，却无缘相守。

史书记载："二亲恐其惰于学也，数谴妇。放翁不敢逆尊者意，与妇诀。"就是说，陆母看两个人整天如胶似漆的样子，就担心儿子从此沉浸在温柔乡里，为儿女情长而误了学业大事，再加上唐婉婚后无子，陆母就下了棒打鸳鸯、拆散他们的决心，陆游在母亲的坚持下被迫休妻。

此后的一段时间里，陆游都像是丢了魂一样，经常做梦与唐琬相遇，梦醒后暗自伤神，也没有心情读书。母亲为了让他彻底忘记唐琬，就托媒人介绍了女子王氏，很快就让陆游娶王氏过门，而唐琬也在家人的张罗下，嫁给了赵士程。

在赵士程的照顾下，唐琬渐渐走出伤痛。而另一边陆游也开始了自己的新生活，科举入仕，加官进爵，经历政治波动。

仿佛一切都走上了新的轨道，直到沈园偶遇。

赵士程大方地允许唐琬与昔日爱人陆游见一面，陆游看到昔日最爱的女人，已嫁作他人妇，百感交集，愤恨之下，在沈园的壁上写下了《钗头凤》：

　　红酥手，黄縢酒，满城春色宫墙柳。
东风恶，欢情薄。一怀愁绪，几年离索。
错，错，错。

　　春如旧，人空瘦，泪痕红浥鲛绡透。
桃花落，闲池阁。山盟虽在，锦书难托。
莫，莫，莫！

　　后来，唐琬再游沈园，无意中看到了这首诗，她没想到陆游仍对她用情至深，也写了一首《钗头凤》来酬答陆游：

　　世情薄，人情恶，雨送黄昏花易落。
晓风干，泪痕残。欲笺心事，独语斜阑。
难，难，难！

　　人成各，今非昨，病魂常似秋千索。

角声寒，夜阑珊。怕人寻问，咽泪装欢。瞒，瞒，瞒！

据说，唐琬写完这首词后就思念成疾，抑郁而终，独留一位痛苦的痴情人在思念中度过余生的每个漫漫长夜。陆游七十五岁时重游沈园，写下《沈园二首》：

城上斜阳画角哀，沈园非复旧池台，

伤心桥下春波绿，曾是惊鸿照影来。

梦断香消四十年，沈园柳老不吹绵。

此身行作稽山土，犹吊遗踪一泫然。

诗的大意是：城墙上的角声仿佛也在哀痛，沈园里的亭台楼阁也不再是以前的样子了，那座令人

伤心的桥下，春水依然碧绿，当年我曾见到她的惊鸿一瞥。而今，佳人已逝，我也和沈园里的柳树一样老了，但仍蹒跚着来最后一次见面的地点沈园，凭吊此生的最爱。

一份尘缘，一生眷恋，错！错！错！难！难！难！

流水潺潺，杨柳依依，《梁祝》声声回荡在这座千年园林的上空，在那座伤心桥上，我们仿佛看到了当年陆游与美丽的唐琬在时光的交错中，紧紧相拥。

时光不老，爱你的心，一生未变！

心学王阳明

　　王阳明幼名云，字伯安，别号阳明，浙江绍兴府余姚县人，因曾筑室于会稽山阳明洞，自号阳明子，学者称之为阳明先生。

　　阳明先生是明代著名的思想家、文学家、哲学家和军事家，是陆王心学的集大成者，精通儒家、道家、佛家，所以他的成就也是多方面的。其中最突出的是总结并完成了宋明以来的心学思想体系，被学术界奉为"心学大师"。

　　王阳明的哲学思想有着鲜明的特点，那就是反对把孔、孟的儒家思想看成一成不变的戒律，反对盲目地服从封建的伦理道德，而强调个人的能动性，提出"致良知"的哲学命题和"知行合一"，鼓励世人冲破封建思想禁锢，呼吁思想和个性解放。就是这样的一位心学大师，与绍兴有着不解之缘。

　　正德十六年（1521）八月至嘉靖六年（1527）九月，因父亲去世，王阳明在绍兴居住了整整六年。在这段时间里，他做得最多的事情就是讲学。

　　当时先生讲学的脚印留在了许多地方，最主要的有五处：新建伯府、阳明书院、阳明洞天、稽山书院、余姚龙泉山中天阁。正是因为先生会去许多地方讲学，所以也有许多求学者慕名而来。据说，在交通还不是那么便利的当时，求学者曾达数千人之众，由此可见心学大师的影响力。

正因如此，绍兴民间也流传下来一个王阳明在讲学期间与友人"南镇观花"的故事。

在冰雪融化、万物复苏的春天里，花儿尽情地绽放着，温柔的风吹得行人好不惬意。就是在那样的时节里，王阳明约上了朋友一起去南镇游玩。在游玩途中，除了莺歌燕舞之外，还有一丛丛娇艳的花朵在山林中时隐时现。朋友被美丽的花朵吸引了目光，便指着岩中花树问阳明："天下无心外之物，如此花树，在深山中自开自落，于我心亦何相关？"

阳明看了看花朵，又看了看友人，笑着回答

道："你未看此花时，此花与汝心同归于寂，你来看此花时，则此花颜色一时明白起来，便知此花不在你的心外。"

这个故事之所以广为流传，是因为今人往往据故事末句"便知此花不在你的心外"，便武断认定王阳明是一位主观唯心主义思想家，将王阳明打入被批判者的行列。

但其实这是一个巨大的误解。他们的对话表达了他们对一个哲学问题的基本看法，这个哲学问题是：人们面对的这个丰富多彩的世界是客观存在的吗？人们对这个世界的认识与这个世界本身有什么样的关系呢？

事实上，王阳明并没有否认"此花"的客观存在，他只是认为"花"与"心"必须有所"感应"，二者相互依存，彼此才有实际的意义和价值。如果没有两者之间的"感应"，它们只能是"同归于寂"；只有将"心"与"花"合二为一，才能使心中的良知发挥出来。换句话说，只有"心"对"花"产生影响，发生实际感应，"花"的存在才有意义，也就是王阳明说的"此花不在你的心外"。王阳明一再强调致吾心之良知于事事物物，则万事万物皆得其理，要求内外合一、知行合一，乃至于天人合一，从而到达万物一体之仁。或许乍一看有些玄乎，但在领悟之后便会称赞其中奥妙。

其实，除了这个故事之外，王阳明在优游林下的美好时光里也潜心思考着良知对人生和社会的意义，所以他晚年也留下了多首诗歌咏赞良知，如《中秋》诗云：

去年中秋阴复晴，今年中秋阴复阴。

百年好景不多遇，况乃白发相侵寻。

吾心自有光明月，千古团圆永无缺。

山河大地拥清辉，赏心何必中秋节。

王阳明将心中的良知比喻为"光明月"，认为良知内在于人心之中，良知不变，则永远无亏缺；良知可以抵挡外物侵扰，战胜艰难困苦与黑暗，只要心中有明月，山河大地就会一片清辉安宁。

由此可见虽时间易逝、故人已去，但心学思想永存，魅力也亘古不变！

奇才徐文长

　　明代大才子徐渭晚年回到自己的山阴（今绍兴）故居时，站在那间幽静的青藤书屋里朝外边看了看，触目尽是花香鸟语，他不禁回想起自己漂泊癫狂的一生，

叹了一口气。

"六十年了啊，已经过去整整六十年了……"他独自站在书屋内，半疯半傻地看着前方说话，好像那里还站着一个人聆听似的。坐在青藤书屋的书桌前，凝神望了望窗外的老藤，徐渭取出纸笔，缓缓写下了一首诗："吾年十岁栽青藤，乃今稀年花甲藤。写图写藤寿吾寿，他年吾古不朽藤。"诗写完了，他随手将笔一放，只是凝视着窗外的青藤。不知道过了多久，他忽然发出呵呵的笑声来，只是这笑声也是凄凉的，回荡在这仅剩他一人的冷清书屋内。虽然如今的他已经七十岁了，可是回想起自己的一生，却还是感觉异样的凄凉，尤其是他与胡宗宪的过往，更是让他痛心无比。

十岁那年，徐渭就是一个不折不扣的天才，他仅凭一篇古文《释毁》便扬名乡里，被人誉为神童。

也就是那一年，他在自己的书屋旁拨开了杂乱的荒草，种下一株青藤。此后的十几年里，徐渭博览群书，才气超群，自认为举人进士唾手可得，却没想到那些科举考官一个个迂腐呆滞，一见了他的文章便觉得惊世骇俗，竟然无人敢录取他。科场失意，却掩盖不了他的名声，非但闻名乡里，就连朝中大臣也时有耳闻，每每谈起徐渭都摇头叹息。

直到不知是哪一天，徐渭这个名字进入了胡宗宪的耳朵里。胡宗宪是个爱才的人，听到徐渭的事后叹息不已，于是派人来请徐渭，可是徐渭本身有点狂傲气，并没有立刻答应这位位高权重的总督。胡宗宪面对徐渭的拒绝，却是耐心地再三邀请，他的诚心终于打动了徐渭，于是徐渭拜访了胡宗宪，成了他的幕僚。

徐渭坐在自己的书屋里，回想着胡宗宪带着白

鹿回来的那一天。他看着那头白鹿，一时间感慨万千，恰逢胡宗宪要将白鹿进献给圣上，叫门客们皆来起草奏章，他便写下《进白鹿表》。胡宗宪又请来学士评比，选中了徐渭的这篇文章，之后呈献圣上，受到嘉奖，这一下胡宗宪可是大喜过望，对徐渭真是关心备至。

此后，他和胡宗宪两人相处可谓如鱼得水，胡宗宪包容了他狂放的性格，哪怕几次叫徐渭不应，也耐耐心心地等候他。这位朝中重臣，竟如此对待一介书生，徐渭心中怎会不感激呢？他觉得这一生能够安心在胡宗宪手下做幕僚就知足了。

胡宗宪有心要抗击倭寇，这是一件大好事，徐渭知道之后便决定帮助胡宗宪。才华横溢的他对兵书也有涉猎，在胡宗宪征讨倭寇的时候，他便在旁出谋划策，用计帮胡宗宪擒住了徐海，抓捕了王直，替胡宗宪立下了汗马功劳。

然而，好景不长，因为和奸臣严嵩有牵连，在严嵩被免职之后胡宗宪很快也被弹劾。几年之后，胡宗宪就死于牢狱当中了。失去了依靠的徐渭只是一个文弱书生，他能够到哪里去呢？除了依附一个又一个有权有势的人，他还能怎么做呢？

如今徐渭独坐书屋之中，回想自己和上司胡宗宪之间的往事，不禁又笑又哭，笑得像个疯子，哭得像个恶鬼。可惜啊！可恨啊！他徐渭放荡一生，从来看不起官场上的人，唯独见到胡宗宪，他才觉得遇到了一个懂他的人，却没想到……

胡宗宪被捕之后，徐渭也不得不装疯卖傻，或者不是装疯卖傻，而是真的疯了，他像疯子一样大哭大笑，几次拿着锥子往头上钉，往自己的肾囊砸，一次又一次自残，不要说他自己了，便是看到这一

幕的人也觉得身上有一股钻心的疼痛。别人都觉得他疯了，他却知道自己的清高。他看不起世人，更看不起官场里趋炎附势的小人，他宁愿回到家中闲居度日，整日疯疯癫癫，也不要再去牵扯官场上的纷扰，徐渭这一生只想做一个真实的自己！

终其一生，徐渭都是一个失意人，他生前画过一幅《青藤书屋图》，画的就是自个儿的家。他在画上题了一副有名的对子：

几间东倒西歪屋；一个南腔北调人。

一场雨掩盖了青藤书屋，或许也在洗涤着青藤书屋，哪怕是数百年后的今日，来到这位狂人的故居，仍然能够看到那不朽的古朴，仿佛我们的奇才徐文长，依然每天站在青藤下喝酒吟诗作画……

勤学周树人

　　但凡中国的学生，应该是无不知道鲁迅先生的。绍兴市区内的鲁迅故居，至今仍然是游客必到的一处圣地。故居占地不小，其中的"百草园"内风景如画，妙趣

横生。鲁迅先生写《朝花夕拾》的时候回忆起自己的童年,便时常提起百草园和三味书屋。百草园内有"碧绿的菜畦,光滑的石井栏,高大的皂荚树,紫红的桑葚"这些令人流连忘返的美景,鲁迅先生小时候便常常在其间玩乐,这在他的童年里应该算是不多的快乐了。

实际上,鲁迅的童年并没有什么快乐。家道中落的处境逼迫他从小就要自立自强,因此他也比别的孩子更早熟一点,更懂事一点。父亲重病去世之后,他开始立志求学,于是打算离开绍兴,去大城市——南京上学。

由于父亲去世,操办了葬礼之后,家族又有意孤立了鲁迅一家人,因此鲁迅一家的境况变得十分差。想要去南京读书,没有钱是不行的。鲁迅的母亲鲁瑞是一位开明、守礼、坚强的母亲,她善于教育孩子，对鲁迅的影响极深，乃至于有人说鲁迅这个笔名就是由她的姓和鲁迅小时候的小名"迅哥儿"组成。为了凑足给鲁迅读书的钱，她变卖了自己的首饰，到处找亲朋好友借钱。然而，这些钱加起来也不过八元。

鲁迅清楚家里的经济状况，为了省钱，他一开始选择了免费的江南水师学堂（始建于1890年，是清政府在洋务运动中开办的军事学校，学生的津贴费及膳食、住宿、衣靴、书籍、文具等生活、学习用品由学堂提供，其遗地现为江苏省文物保护单位），但是免费的学堂，校风到底不好，于是经过考虑之后又转入江南陆师学堂附设的矿务铁路学堂（钱德培开办于1898年10月，通过当时上海的《中外日报》刊登招生信息，鲁迅见到之后决定转学，而钱德培恰好与鲁迅是同乡），这也是一所免费的学堂，而且是新办的，学生的津贴多一些。

在南京矿路学堂学习的日子是艰苦的，但是鲁迅却忽略了这些艰苦。为了能够多买一些书，他经常省吃俭用、节衣缩食，冬天也没有什么衣服可以添。那时他十七岁，是班级里年龄最小的一个学生，可是他也是班里成绩最好的一个学生。

当时南京矿路学堂有一个规矩，就是每个月都有一次考试。考试的第一名奖励一枚三等银牌，四枚三等银牌可以换一枚二等银牌，四枚二等银牌又可以换一枚一等金牌。鲁迅学习刻苦用功，在矿路学堂的三年中，几乎每次月考都是第一名，很快他就得到了十几枚三等银牌。

他拿着十六枚三等银牌，换取了一枚金牌。金牌是金子做成的，在当时很值钱。鲁迅拿到金牌之后高兴极了，立刻跑到街上。可是等他回到学堂之后，同学们却再也没有见过那块金牌。

同学都好奇鲁迅把那块金牌藏到哪里了，于是就偷偷问鲁迅，没想到鲁迅却捧出一堆崭新的书来。原来，鲁迅拿到金牌之后，迫不及待地跑到当铺把金牌给当了，换来的钱都用来买他渴望已久的书。那时矿路学堂里只有鲁迅一个人拿过金牌，别人都羡慕他能获得金牌，可是他自己却把金牌给当了，将得来的钱拿去买书，对于金牌的荣誉毫不在意。

鲁迅正是因为广泛阅读各类书籍，才为日后的创作奠定了基础。后来，人们统计鲁迅的藏书，惊讶地发现光古籍就有几万册，至于其他书籍自然更多，要是将这些书全部拿出来，一定能够开一个规模不小的图书馆。

踏入鲁迅故居，有时候简直令人不敢相信，就是那样一个素净的院子，居然会诞生出这样的伟人

来。故居附近就是鲁迅博物馆，博物馆当中有大量关于鲁迅先生的实物资料和著作原文，看到玻璃柜里鲁迅先生亲笔写在书上的细密竖排文字，不禁感慨伟人的勤奋刻苦。

毛主席在鲁迅先生八十寿辰的时候题过两首诗：

其一

博大胆识铁石坚，刀光剑影任翔旋。

龙华喋血不眠夜，犹制小诗赋管弦。

其二

鉴湖越台名士乡，忧忡为国痛断肠。

剑南歌接秋风吟，一例氤氲入诗囊。

看来绍兴"名士之乡"的美誉，也离不开鲁迅先生。后来人们为了缅怀鲁迅先生，于1986年创立了国内著名的鲁迅文学奖，鲁迅故里也因此成了鲁迅文学奖的颁奖地，世界各地的人们纷纷赶来，在鲁迅故里举行隆重的文化聚会。他那现实主义的经过千锤百炼的作品，愈来愈得到广大人民群众的喜爱；他那爱憎分明的犀利的批判精神，愈来愈焕发出灿烂的光辉。鲁迅先生虽然早已不在人世，但其精神却持续影响着一代又一代的中国人，而鲁迅故里即使历经百年风霜也依然是一处风景优美、具有浓厚文化底蕴的文学圣地。

北大蔡元培

　　绍兴市越城区内的蔡元培故居占地近两千平方米，建筑面积占一半，砖木结构，花格门窗，乌瓦粉墙，青石板地，是一座具有明清风格的绍兴台门建筑。走进

其中，历史的悠久与沧桑，悄无声息地感染着观者，在瞻仰厅堂内那一幅幅字画一块块匾额的过程中，人们心中油然而生一股敬仰之情。

穿过古朴的绍兴老牌坊，走入挂着金漆匾额的大门，便进入中国近代史上著名的革命家和民主人士蔡元培先生的故居了。书香门第，松柏长青。想想蔡元培先生的一生，他确实当得上"学界泰斗，人世楷模"这八个字。

1916 年蔡元培被任命为北大校长之时，北大还是一个带着前清腐朽气息的地方，无论学生还是老师，都有着一股官僚作风。然而自从蔡元培到来之后，一切都有了巨大转变。

蔡元培先生坚定着"教育救国，美育救国"和"思想自由，兼容并包"的学术理念，在担任北大校长期间真正做到了"不拘一格降人才"，无视贫富贵

贱和学历高低,为北大招聘到了诸多名动一时的国民大师。他的教育理念在当时影响了全国,更是进一步影响到现今的高等教育,无数高校教授在提及蔡元培时,仍然爱引用他的一句话:"大学者,研究高深学问者也。"

在他就任北大校长期间,为了重整北大,迫切需要招聘一批杰出的教师,于是他相继聘请了陈独秀、李大钊、杨昌济、马寅初、胡适、马叙伦、李四光等人。

被聘请的北大教师当中有许多怪才,国学大师黄侃就是其中一位。黄侃在经学、文学、哲学各个方面都有很深的造诣,尤其在传统"小学"的音韵、文字、训诂方面更有卓越成就,学术深得其师章太炎三昧,后人有"章黄之学"的美誉;其禀性一如其师,嬉笑怒骂、恃才傲物、任性而为,故时人有

"章疯子""黄疯子"之说。

民国时期，黄侃在北大任教时，每次到课堂上，先抽烟、喝茶，吞云吐雾，茶香四溢，烟为自备，茶由学校为其准备。其实享受学校为老师在课堂上备茶待遇者，只限黄侃一人，而老师在课堂上抽烟的，也只有黄侃一人，足见其在学校的特殊地位。

此外，蔡元培还聘请了怪杰辜鸿铭。林语堂曾经说过："鸿铭亦可谓出类拔萃，人中铮铮之怪杰。"辜鸿铭一生主张皇权，这是为人所诟病处，可有谁注意过，他并不是遇到牌位就叩头的。即使是这样一个老保守，也是有骨头的：慈禧太后过生日，他当众脱口而出的贺诗是"天子万年，百姓花钱。万寿无疆，百姓遭殃"；袁世凯死，全国举哀三天，辜鸿铭却特意请来一个戏班，在家里大开堂会，热闹了三天。

当然，真正体现蔡元培为了聘请人才不拘一格的事，是聘任陈独秀。蔡元培于 1917 年 1 月 4 日正式出任北大校长，改革北大。1 月中旬，陈独秀就被他聘请为北大文科学长，完成所有就职流程。

当时的北大很乱，整体环境不利于学术研究。蔡元培为了改变风气，就找到了陈独秀。但是教育部对于北大文科学长这一职务有学历要求，还要求有一定的教育经验。陈独秀不符合条件，但蔡元培巧妙应对，极力斡旋，成功让陈独秀担任北大文科学长。

蔡元培的理念是"兼容并包"和"学术自由"，当时整个学术界都受到他的影响。不少数学英文很差的偏科怪才被北大清华等学校录取，也有一些履历不合格但有真才实学的人被聘为大学老师，例如梁漱溟。

陈独秀至少有在日本留学的经历，但梁漱溟只上完中学，也被蔡元培聘请去教书。后来的事实证明，蔡元培眼光很准，梁漱溟不仅勤于学术研究，还一心为国为民，被誉为"中国最后一位大儒家"。蔡元培曾说："大学生当以研究学术为天职，不当以大学为升官发财之阶梯。"

　　蔡元培先生逝世之后，延安各界举行了隆重的追悼大会，毛主席在唁电中总结他的一生，称他是"学界泰斗，人世楷模"。如今这八个字依然深深镶刻在蔡元培故居门前的匾额当中，阳光落下，漆黑匾额上那两排烫金大字仍在向世人彰显着蔡元培先生一身高超的学问和令人钦佩的道德修养。

越溪女西施

西施殿，位于诸暨市区南侧浣纱江畔，占地五千平方米，由门楼、西施殿、古越台、郑旦亭、碑廊、红粉池、沉鱼池、先贤阁等景点构成，是一处以西施文

化为主题，充分展示古越文化和故里风情的人文风景旅游区。

古有"沉鱼落雁、闭月羞花"之说，"沉鱼"指的便是四大美女之一的西施。

传说，西施本是月宫嫦娥的掌上明珠，嫦娥十分珍视她，不单自己日常照看，还专门命一五彩金鸡彻夜守护。然而，这金鸡看嫦娥如此喜爱，也起了与明珠玩耍的心。一日，金鸡趁其不备，偷偷地将明珠带到角落，将明珠抛上抛下，玩得不亦乐乎。可乐极生悲，明珠竟然一不小心从天界滚落，坠入人间。

也是在这一天，浙江诸暨浦阳江边山下一施姓农家之妻正在江边浣纱，忽见水中有颗光彩耀眼的明珠，正想上前去捞，那明珠竟飞入她的口中，还钻进腹内。说来奇怪，这施妻自此有了身孕。

　　而这施姓妻子生产之时极为凶险，是五彩金鸡从天而降鸣叫才化解一切。施妻得以生下一个光华美丽的女孩，取名为西施。

　　这西施一日日长大，容颜也是一日日绽放，望之让人自惭形秽。但是爱美之心人皆有之，每天都有不少人在西施家附近徘徊，就是想要一睹西施的美貌，而让西施的美名更加盛传的却是那最普通的鱼儿。

　　一日，西施照旧来到溪边浣纱，她的面容倒映在河面上，非但没有因为朦胧减其一分姿色，反而因为阳光的照射更加光彩夺人！也正是这时，这原本聚集在西施旁边游动的鱼突然全都停止摆尾，竟都"扑腾扑腾"沉入了水底。岸边见此奇观的人纷纷说那些鱼是因为被西施的美貌吸引而忘记游动，西施"沉鱼"的美名便就此传开了。

当然，西施不仅是以美貌盛传，她为国献身的故事也是家喻户晓。当年吴王夫差打败越国，那越王勾践一边卧薪尝胆，对吴王百般殷勤以松其戒心；一边又有范蠡献计，采用美人计来诱惑吴王。而西施这"沉鱼"的美名自是让他们携重金拜访，只求西施去吴王身边做内应。西施虽出身不显贵，但性情高洁，自然愿意牺牲小我，为复国大业奉献一丝力量。

西施没有令众人失望，吴王很宠爱她，终日沉迷于西施的美色而荒废了朝政。吴王的贪恋美色、萎靡不振导致众叛亲离，吴国终是被越王勾践所灭。

这件事后，西施的下落成谜，无人知晓西施最后归处，但这"沉鱼"的美名终是流传下来。李白的一首《西施》也能道尽她的传奇一生：

西施越溪女，出自苎萝山。

秀色掩今古，荷花羞玉颜。

浣纱弄碧水，自与清波闲。

皓齿信难开，沉吟碧云间。

勾践征绝艳，扬蛾入吴关。

提携馆娃宫，杳渺讵可攀。

一破夫差国，千秋竟不还。

商圣陶朱公

范蠡辅佐勾践成就霸业是众所周知的事情，却很少有人知道范蠡弃官从商后的传奇。范蠡离开越国经商，在陶邑将其资产从"十万"扩至"巨万"，成为天下首

富。而当时范蠡自称"朱公"，因此在民间也就有了"陶朱公"的称号。

范蠡离开越国后，也不带多少钱财和奴仆，就借着一叶扁舟，乘着水流，一路来到了风景秀丽的江南水乡。来到这里，范蠡隐姓埋名，化名为"鸱夷子皮"。这化名虽丝毫不起眼，但很有深意。一层意思是把自己比作牛皮袋，能容纳世间一切；另一层意思则是"带罪流放"。这是因为当年辅佐勾践时，范蠡曾用离间计让吴王杀害了忠臣伍子胥，而尸体就是装入"鸱夷"之中，这也是对同乡伍子胥的一种敬重和纪念。

当然，名字低调，不代表范蠡的一番作为低调。范蠡停留的地方靠近海域，他自然将目光投向这取之不尽、用之不竭的自然瑰宝。他依靠自己的经商头脑让盐业市场很快打开。有一天，范蠡看着堆着一大堆一大堆盐的盐场，不禁捋起胡子，笑了。他说："大海不仅是盐的生母，更是承载盐出行的利器。大海虽汹涌、暗藏危机，但也给人类带来无数的恩泽，靠海吃海，生生不息。"

范蠡借着天时地利人和赚取了第一桶金，但他没有因此停下脚步，反而聘请了一些身怀特长的奴仆和工匠，他们或能做木工，或对丝有着独特技艺。他将这些人按照其擅长之艺分组，女仆主要负责采桑、纺织等，男仆则主要负责耕种、渔猎等。陶朱公带领他们先后建造了粮仓、屋舍，开垦农田，种植桑树……就这样，这个穷困的海滨之地焕然一新，不再是一个贫瘠困苦的苦寒之地，反而成为一个集农、工、渔、商为一体的大家园。

万事俱备，只欠东风。一切前提条件和物资都已经完备，剩下的自然就是打开市场，确定出货渠

道了。陶朱公便带着家仆从四周开始走访，探寻市场，并且根据不同地区不同民众的需求进行货物的调配。这样一来，不用担心货不对口，更无须担忧物品滞销。在这一次次的市场开拓中，范蠡终是将目光对准了丝。他开始将重心放在丝上面，四处了解丝的行情以及扩充关于丝的学识。皇天不负有心人，在他的努力和亲友的帮助下，他在江浙一带开了一家丝行，自己做起了"丝客人"，生意也是如日中天，他赚得盆满钵满。

此外，范蠡不是那重利而不顾别人生计的奸商，相反，他能体会普通民众的苦楚以及艰难。他居安思危，在粮食丰年便大量购买粮食，将其储存起来，也不做其他商用，只在发生蝗虫、干旱的灾年或是粮食紧缺的年份将这些粮食以平价出售给周边的国家或平民。如此，既能阻止那些奸商借机哄抬物价的恶念，又能缓解国家的燃眉之急，稳定民心。虽然他自己折损了很大的利益，但是他的声誉却是大大提高了。

谁说商人只重利，只要心怀天下，本性纯善，自然不会祸害民众，陶朱公上能辅君定国，下能经商抚民，不愧是真正的"商圣"！

曹洞宗良价

　　曹洞宗，是佛教禅宗南宗五家（五家七宗）之一，却很少有人追溯起源，这有名的宗派其实是诸暨良价所创。

　　良价从小就显露出对佛禅的非凡悟

性，八岁时就问倒了师父："我有眼、耳、鼻、舌这些，为什么《般若心经》却说没有？"师父非常惊讶，并告诉良价："我不能成为你师父。"随即师父就领着良价来到"三学禅院"，让良价拜灵默禅师为师。

而良价在灵默禅师的潜心教导下，精研佛学，阐扬佛道，创立曹洞宗。让人受益匪浅的是，他在坐化前为教诲弟子而举办的"愚痴斋"。

一天，良价禅师留下一个偈子，让弟子们参禅用功：

学者恒沙无一悟，过在寻他舌头路。

欲得忘形泯踪迹，努力殷勤空里步。

在众僧领悟之时，良价却去沐浴、披衣，整理

面容，并且示意弟子敲钟。一切事了，良价见众徒都有所感悟，竟就在禅床上坐化了！

这时寺内也正钟鼓齐鸣，众弟子突见师父双目紧闭，一动不动，赶忙上前查看气息，发现师父已然离去，顿时悲从心来，纷纷捶胸顿足，哭声在寺内响彻云霄。忽然，良价禅师又睁开了双眼，守候的僧人大吃一惊，赶忙小心翼翼地问："师父，是否还有未交代的事？"只见良价禅师缓缓开口："你们这样痛哭，我又如何走得放心？去将众人叫来，我还有话吩咐。"

僧众得知师父回来，欢喜不已，又互相说道："去后能来，实在是不可思议之事。西天中土，千万修行人中也唯此一例。"大家争先恐后地聚集到方丈室。

良价禅师见众人聚集完毕，便开口说道："为师多次与你们说过，出家人应心不附物，如今却劳生惜死。生死虽为大事，却也是自然法则，参不透，不用功，只在这哀悲，是何道理？如何修行？"

见众人不语，便问："监院何在？"监院急趋上前，禅师见他同样泪如泉下、泣不成声，无奈说道："你是当家之人，应是主心骨，如今也这副模样，真是愚痴之极！罢了，我再多留几日！"

于是，良价禅师交代监院为全山僧众办一场"愚痴斋"，好让大家消掉"愚痴"之业，隔断凡情。

但事实是弟子们愚痴，不忍师父离去，良价禅师也因心中忧虑跟着"愚痴"，愚痴斋断不了愚痴。于是，在众僧操办愚痴斋时，良价禅师便撰写佛语，与众人一起悟佛。

僧众亲身体验师父去后又来，都是欢喜至极，但听说师父办完愚痴斋还是要离去，心中自然多有

不舍。因此，众人不是说餐具不备，还需添置，便说食材不新鲜，还需重新采办。这一拖再拖，一直拖了七天，才将愚痴斋办好。

良价禅师走出方丈室，同全山僧众并地方施主一起共享斋饭。

愚痴斋毕后，良价禅师起身，郑重地告诉僧众弟子们道："出家人本来不应有世俗的牵累，不要无事自扰，临行之际，切勿喧哗！"说完，回到方丈室，端坐而去。这一去，再未归来。

勤勉王元章

　　"不要人夸颜色好，只留清气满乾坤"，这是我国著名画家、诗人王冕的咏梅名句。如今，他的故居正被一步步打造出"欲识吾居处，屋前溪水流"的意境。

有荷有梅，令人心旷神怡。王冕在诸暨故居生活的时候，就以画荷、画梅闻名，但在他成名的背后是他自学苦读的艰辛。

王冕出身清贫的农民家庭，世代都以种地为生，生活条件十分困苦，一年中最大的喜悦也只是在新年的时候尝到一点儿肉味。小时候的王冕就显露出不同于一般孩童的天资，他聪颖、勤奋、懂事，但是因为家庭条件的限制，他不但去不了学堂念书，而且小小年纪就要承担起一部分的家庭活计。他需要割草、拾柴火、放牛……

然而，王冕并没有被生活打败，反而积极向上，不错过一丁点儿学习的机会。每次去田里放牛的时候，他都会躲在学堂的窗户下面听学子们诵读，如果正好赶上先生讲解书的内容，他就更加用心地听，用心地记。因为买不起纸笔，他只能通过记忆来学习知识，这也使得他记忆力超群。

但是，一心不能两用。有一天，他因为听书太过投入，竟不知道自己把牵牛的绳子放开了！牛慢慢跑远，而王冕却是在先生宣布今天课程结束时才发现手上的牵牛绳不见了，到这时候，牛影也不见一个。他十分着急，四处寻找，还好最后在田边的草地上找到了自家的老牛。他将近天黑才回到家中，父亲对他大发脾气，母亲就在一旁安慰说："孩子如此用心读书，如此好学上进，你应该高兴才是，怎么还要打他呢！"

天色渐暗，王冕家买不起灯油，可巧的是，他们家附近有寺庙，并且是远近闻名的寺庙，寺庙因为香火鼎盛而通宵明亮，王冕便借此去那里看书。每到晚上，王冕就拿着辛苦借来的书，到庙里安静的角落阅读，一边读一边回忆偷听来的先生的讲解。

即使寺庙里的神像因在烛火的照映下显得如凶神恶煞一般，小小年纪的王冕也不觉害怕，他的心思全部都在书上，以至于对周围的环境毫不在意，也就注意不到那神像了。如此这般，日复一日。

王冕就这样一点点积累着学识，到了少年时期，王冕终是拿着积累下的一点钱财换得一些纸张，他如获珍宝。对于书本，这些年下来，他已读过不少，现在，他对作画更感兴趣。虽然没有钱财去拜得名师指导，但是大自然就是最好的老师。他喜爱荷花盛开的美景，为了更好地作画，他努力将荷花的样子记下。因此，他常常在湖边的大石头上一待就是一天，细细地观察，用心地描绘，开始画得不尽如人意，但在反复练习中终是自成一派。王冕画的荷花生动逼真，仿佛是从湖里刚采摘下来一般。

通过一年一年的努力，王冕凭借自身过硬的才

华成名，即使因为官场黑暗没能出仕做官，但他
"梅屋主人"的雅号却广为人知。即使身处困境，也
应心怀梦想；即使困难重重，也应勤奋学习。希望
每个人都能有王冕的坚韧与努力。

情痴金岳霖

　　《小窗幽记》记载："情最难久，故多情人必至寡情；性自有常，故任性人终不失性。"情虽难久，却也不乏痴情人，譬如金岳霖，中国哲学第一人。

　　金岳霖，浙江省绍兴市诸暨县人。人们对他的成就了解甚少，因为他哲学泰斗的名号被掩盖于一代痴情男的声誉下，伟大的哲学成就被隐没在凄美的爱情背后。

　　金岳霖1914年毕业于清华，后留学美、英，继之游学欧洲诸国，回国后在清华和北大任教。评其相貌，实在普通，其貌不扬，但评其才学，却是实实在在的学富五车，八斗之才。鱼和熊掌不能兼得，上天是吝啬的，不会将好事全降临到一人身上，总变着法捉弄，于是有了遗憾，金岳霖人生中的遗憾便是林徽因。

　　他对林徽因的情深义重，多少人向往之至：嫁人当嫁金岳霖。

　　他们是院前院后的邻居，起初也许只是好友邻居的友好往来，久了便爱上了。也难怪，林徽因这

种知性温婉的大家闺秀，怎不让人暗生情愫。金岳霖是个长情的人，他既长情于哲学，亦长情于他心爱的女子。这样的男子，是令女人心动的。没有魅力，林大小姐又怎么会冒天下之大不韪，对丈夫梁思成说她同时爱上了两个男人该怎么办？梁思成思索了一夜，将自己与金岳霖反复比较，自愧不如，对妻子如实说：你是自由的，如果你选择了老金，我祝你们永远幸福。两个人都哭了。金岳霖得知此事，叹道：思成能说这个话，可见他是真正爱着你，不愿你受一点点委屈，我不能伤害一个真正爱你的人，我退出吧。

金岳霖虽退出了爱的竞争，却未由此放弃。他从此过上了逐"林"而居的生活。毗邻而居的爱，就这样被他按捺在心底。他是林徽因家的座上常客，与她谈着诗词歌赋，也看着她与丈夫耳鬓厮磨，金岳霖心里滋味如何，无人知晓。也许，能够看着自己心爱的人，对于他来说就是一种幸福了。

林徽因是金岳霖穷极一生都做不完的一场梦，他就这样一直守着心爱的人，直至林徽因离去，梁思成另寻佳人，金岳霖却始终矢志不渝。汪曾祺在《金岳霖先生》中写到这么一个故事，林徽因去世多年后，金先生忽有一天郑重其事地邀请一些至交好友到北京饭店赴宴，众人不解。开席前，他说："今天是徽因的生日！"举座唏嘘。

他一直活在人间四月天里，即便耄耋之时，那段旖旎岁月已经过去近半个世纪。半个世纪可以有多少沧海桑田，徐志摩移情陆小曼，梁思成再娶林洙，可唯有金岳霖终生未娶，在白发苍苍时，仍旧呢喃着：今天是徽因生日。有人将一张他从未见过的林徽因旧照拿给他看，他仍凝视许久，眼底渐泛

涟漪，像是要哭的样子，嘴角颤抖，喉头微动，千言万语涌到嘴边，最后还是一言未发，紧紧捏着照片，生怕影中人飞走似的。许久，才抬起头，像小孩求情似的对别人说：给我吧。

金岳霖这一生，只痴情于二者：哲学和林徽因。林徽因的追悼会上，他为她写的挽联格外别致："一身诗意千寻瀑，万古人间四月天。"在西方，四月天即指艳日，丰盛与富饶。她在他心中，始终是最美的人间四月天。相传，金岳霖曾问林徽因，若有下辈子再相遇，他们能否毫无顾忌地在一起。林徽因答："若有下辈子，我做金岳霖，你做林徽因。"

愿来生，遇见在人间四月天……

直谏黄度公

　　历史上有着许多敢于直言进谏的人物，例如唐玄宗的"明镜"魏徵、"谨修法律而督奸臣"的邹忌、"亘古忠臣"比干……不同的人物有着不同的命运，好似

世界上没有两片相同的雪花。在新昌这片大地上，也曾有一人，为官敢于直言进谏，并且坚持不懈，这个人便是黄度。

黄度，字文叔，号遂初，南宋新昌人。黄度自幼好学、才思颖敏，秘书郎张渊看见他所作的文章，称赞他的文采好似曾巩。陈振孙在《直斋书录解题》中称其"笃学穷经，老而不倦"，晚年"著述不辍，时得新意，往往晨昏叩书塾，为友朋道之"。黄度一生志在经世，以学为本，对经史、天文、地理、井田、兵法多有研究，治学不囿于前人成说。曾著《诗说》《书说》《周礼说》《艺祖宪鉴》《仁皇从谏录》《屯田便宜》《历代边防》等书。

黄度于隆兴元年（1163）成为进士，历任嘉兴知县、监察御史、礼部尚书等职。后来黄度入监登闻鼓院，行国子监簿。他说："今日养兵为巨患，救患之策，宜使民屯田，阴复府卫以销募兵。"因此便上书《屯田》《府卫》十六篇，详细阐述自己的想法，可谓用心良苦。绍熙四年（1193），黄度任职监察御史。当时蜀将吴挺死，黄度谏言："吴挺之子吴曦一定会通过贿赂来谋求继承父位，若因而授之，未来恐怕会是祸患，因此应该分割他的兵权。"然而黄度的谏言由于宰相的反对未被采纳。时过境迁，吴曦割关外四州，贿赂金人以求在蜀地称王，事实果然如黄度所言，可惜忠言却未被采纳，此时早已为时过晚！

黄度最大的特点是为官敢于直谏，纵观其一生，黄度曾多次直言进谏。光宗不去他父亲孝宗所居住的重华宫探视病情，黄度得知后便急忙上书恳切劝谏，并接连上书陈述父子关系的意义，字字情真意切。可令人无奈的是，光宗并不听取他的建议。但

黄度并不气馁，他又对皇上说："以孝事君则忠。臣父年垂八十，菽水不亲，动经岁月，事亲如此，何以为事君之忠。"希图通过现身说法感动皇帝，一片赤诚之心昭然可见。

黄度深刻明白作为一名官员所应肩负的责任与道义。黄度痛恨奸佞之臣，曾经上奏："孔子称'天下有道，则庶人不议'。夫人主有过，公卿大夫谏而改，则过不彰，庶人奚议焉。惟谏而不改，失不可盖，使闾巷小人皆得妄议，纷然乱生。"以此来弹劾宦官陈源、杨舜卿、林亿年，揭开这些人的不法劣迹，并且极力指斥"三人为今日祸根"。可黄度的诚恳和忠心并未能换得光宗的信任，这是多大的无奈呀！黄度气极，捶胸顿足，大声地说"有言责者，不得其言则去，理难复入"，落下这句话，他一拂衣袖，愤然辞官。

　　直言进谏的黄度也许得不到皇帝的青睐，可他的事迹却足以被后人称道千百年，并以其难能可贵的品质与不朽的精神，滋润着新昌大地上一代代的人，指引着他们砥砺前行。

　　黄度其人，也许有人会说他没能活出想要的人生，可某种意义上，他确实活出了自己想要的样子……

大清官甄完

在苍骊山的祠堂中，一块匾额被悬挂在祠厅堂正中的横梁上，由明朝景泰皇帝亲笔御书的四个字——清官第一，墨底金字，虽因年代久远早已斑驳，但其中蕴含

的品格却未蒙尘，至今仍熠熠生辉。这块匾额赞颂的正是明代声名鹊起的一介廉吏——甄完。

甄完，字克修，号复庵，明代新昌彩烟岩泉村人，家境贫寒，但自幼聪明，勤奋好学，为萧山**魏骥**所器重。

明永乐十九年（1421）甄完中了进士，于宣德元年（1426）出任刑部主事，被朝廷派往山东处理朱高煦叛乱一案。此案涉及范围很广，上到官员下至百姓，逮捕株连的无辜者近三千人，许多人想为自己开脱，行贿之风空前盛行。但甄完秉公执法、严正处事、详细审核，叛乱之案顺利审结。自此，"清官"的名号就打响了。

由于秉公职守得到赞赏，甄完于正统四年（1439）转员外郎，担任广西参议。广西地处百越五岭，少数民族混杂而居，不少中原守卒因瘟疫频

发、水土不服而丧命于此。甄完为了改变这种困境，上奏招募土人来顶替紧缺的兵力，又提议在附近开荒种植，以此节省运输粮食的费用。在担任参议的同时，还协助安远侯柳溥征讨大藤峡瑶、壮等少数民族起义，得到了朝廷的嘉赏。当时，广西民众还需向靖江王府缴纳赋税，不少王府官吏以权谋私、仗势虐取，使得民众处于水深火热之中，苦不堪言。甄完仍旧秉持着恪尽职守的职业操守，不多取百姓的一分一毫，破其家产而不能缴纳者，甄完为其厘算，疏请革除滥取部分。

后来，甄完转湖广左参政。当地事发黄萧养农民起义，甄完督运军饷以供给广东，并往来视师于湖广间，妥善地平息了当地人民的怒气，被勋授为河南左布政使。甄完仍不骄不躁，对国事勤勤恳恳，对百姓体恤同情，对自身克勤克俭，公私分明。百姓饱受河患之灾，数万难民流离失所，经他手的治河经费成千上万，他分文不贪，严格审查款项，修堤坝、放粮仓、减赋税。他生活节俭，从不奢靡，用积攒的钱资助难民，为家乡造路……其洁身自律、扶危济困的品行让百姓赞不绝口。

甄完的清廉职守是百姓有目共睹的，但身处官场，难免会受到小人的妒忌与陷害。腐败官僚们向皇帝罗列了许多莫须有的罪名，诬陷甄完以权谋私、贪污国财，在故乡新昌修建豪华府邸。1455年，甄完无奈辞官返乡。

由于甄完在任时清廉俭朴，大多数钱财也捐献给了灾民，并没有多少积蓄，故回到故乡新昌以后，家中依旧穷困潦倒。甄完在归乡途中，路经当时嵊县境内一个小村庄，看到水塘边有一个衣衫褴褛的乞丐正在洗脚，他摸出自己身上仅剩的七个铜钱给

乞丐，面对水塘叹息："我甄某虽蒙不白之冤，但自身清白如水塘也！"后人遂将这口水塘改名为"清水塘"。时至今日，那水塘依然清澈见底。后来，景泰皇帝派人清查账目、暗访新昌，甄完才洗清冤屈。

如今，甄完的墓冢位于苍骊山，那块历经风雨、布满青苔的墓碑旁杂草丛生，旁边的祠堂也被岁月侵蚀得斑驳腐朽、支离破碎，但那传颂至今的廉吏佳话却仍旧在时光的洪流中璀璨生辉。

好官杨信民

我国历代都有鞠躬尽瘁、体恤百姓的好官，有的流传千古、闻名遐迩，然而大多数的好官，他们并不是那么有名，却同样呕心沥血地为民众付出着，造福百姓，

不求回报。

有这样一个人，他出生于新昌，性格刚直不阿，为官体恤百姓，关爱士兵，他有着"我葬我母，而专役他人，不安也"的孝顺品质，是人民敬佩崇拜的一位官员，他便是明代的杨信民。

杨信民，新昌下宅村人，通过乡试中举进入国学。宣德年间，杨信民被授予工科给事中，后因王直推荐，被提拔为广东左参议。

杨信民为人清操绝俗，有着高尚的情操，曾经在田埂上行走勘察，只为寻访利弊进行更置。他生性刚强不屈，按察使郭智不守法，杨信民便毅然弹劾他，将他送进监狱。后来黄翰代替郭智就职，杨信民又揭发出他的奸邪作为。没过多久，他又弹劾佥事韦广，惹得韦广不满，想要诬陷杨信民，因此杨信民与黄翰一起被逮捕。于是军民中哗然一片，

纷纷前往京城请求皇上留下杨信民，因此皇上下诏
恢复杨信民的官职，而黄翰、韦广罪行审问属实，
便除去了他们的官职。

正统十四年（1449）八月，明英宗因土木堡之
变被俘虏，景帝监国，通过于谦的推荐，杨信民受
命在白羊口守备。此时广东黄萧养率领农民起义军
围住了广州城，形势十分危急，岭南人不得不向杨
信民发出求救，广东人居京者联名奏请杨信民处置
其事，因此杨信民临危受命，作为右佥都御史巡抚
当地。士兵和民众听闻此消息后，奔走相庆说："杨
公来矣。"此时的广州已被围困良久，将士每逢战争
就失败，因此城门日夜紧闭，禁止居民出入，砍柴
被阻绝，城内樵薪殆尽，人民叫苦不迭。躲避贼人
而来的乡民被拒绝不让进入，大多被贼人杀害，百
姓更加愁苦，不得已而归附贼人，无奈之下参加了

起义军队伍。

　　杨信民到达之后，看着城内一片混乱萧条的景象，备感心痛，立刻下令开城门、开粮仓，分发仓库里的粮食，处置好事务之后，他便亲自刻木楔给百姓用作通行证，以此允许出入。贼人看见木楔便得知："这是杨公给的。"因此不敢伤害他们。避贼的人都保留收藏它，小小的木楔宛若珍宝，百姓犹如重获新生。与此同时，杨信民加紧操练士兵，通过多方招抚，投降的人也渐渐到来。然而，就在黄萧养即将投降之时，都督董兴大军却抵达了。义军看情势有变，也改变了计划。

　　就在这十万火急的节骨眼上，杨信民突然暴病而亡，时为景泰元年（1450）三月。所有的努力都功亏一篑，当地百姓惨遭屠戮，令人扼腕叹息。一代好官，如流星陨落般倏然逝去，军民聚在一起痛哭，城中人都穿上了白色的丧服。贼人听说了这件事，也哭道："杨公死了，我们这些人没有退路了。"不久之后，董兴扫平贼寇，所过村落多遭杀掠。百姓仰天号哭说："如果杨公在世，怎么能使我们到这地步！"

杨信民体恤百姓，百姓也怀念他，这也许就是作为一名好官与人民最和谐的关系。杨信民的结局是不幸的，他化身为宇宙间的一颗星星离去了，可他的风度与作为却永远地留在人间，以他一心为民的真心温暖着千千万万人。

一尘不染，两袖清风，三思后行，四方赞誉，五湖四海，六神镇定，七情安然，八路作风，九泉无愧，十分可贵。这便是好官杨信民。

忠义张载阳

　　世界就像一片汪洋，人人都是这片大
海里的一滴水。有这样一个人，既打得了
仗，又有着一手令人称奇的书法，他能文
能武，有着许多为人称道的优点，而更令

人敬佩的是其身上永不熄灭的忠义精神，这个人便是张载阳。

张载阳，字春曦，号暄初，浙江绍兴新昌诚爱乡张家店村人。他出身农家，幼年随父业农，清光绪二十四年（1898）考入浙江武备学堂。观其一生，张载阳历职多处，担任过许多地方的司令。

1922 年 11 月，张载阳任浙江省省长，任职期间，他十分关心和重视地方公益和慈善事业，发展地方交通，修缮公路，兴建了杭临公路及绍兴、曹娥、嵊县公路，还成立了杭州大学校董会，筹建了浙江艺术专科学校，募修了杭州岳坟、钱王祠、绍兴禹陵。张载阳对家乡建设，诸如兴修水利、建桥修路、造先贤祠、造大佛寺新社、编纂《新昌县志》等都倾力相助。

1924 年江浙战争后，张载阳兵败去职，退而居

住在杭州井亭桥"暄庐"寓所，研读道教书籍，并且一心精研书法，杭州西湖、灵隐、天竺、岳坟等处都有其题写的书联。张将军不仅字如其人，所写联句也极富哲理，如"至性至情得天者厚，实心实政感人也深""壁上琴弦外奏，书中玉纸背磨"等，皆可见张载阳的思想境界之高。

1937年，抗日战争全面爆发后，张载阳不畏日寇威逼，拒绝出任伪职。为摆脱亲日派的纠缠，张载阳率全家星夜渡江，返回原籍，先是住在新昌县城下市街老宅，后又迁居至家乡张家店。当时，张载阳家老幼共三十多口，生活拮据，浙江省政府主席黄绍竑钦佩张载阳的为人，想要聘其出任浙江省议员，给予经济援助，可未曾想到的是，张载阳谢绝了。

1944年夏，日军突然来到张载阳家中，他们威逼利诱，想要强迫张载阳加入维持会。张载阳勃然大怒，大声斥责道："岂能为汉奸，唯有死耳！"由于张载阳坚定地拒绝，日军看到尝试均未能生效，只能悻悻然地离去。

1945年秋，张载阳携全家返杭，然而此时旧居已毁坏不堪，又遇上国民党接收部队盘踞其宅，可谓雪上加霜、滋扰不已，于是愤极致病，11月17日卒于杭州，又因家无恒产，丧事靠亲友乡绅资助才了结。

纵观其一生，张载阳的人生富有戏剧性的变化，且无不随着时局的变化而变化。张载阳将军曾在岳飞庙墓题词："皦日矢忠心，千古仰军人钜镬；栖霞新庙貌，万方拜中国英雄。"此等忠心，非岳飞所独有，张载阳先生的民族气节亦令人钦佩。

既能扛枪杀敌，亦能提笔写字。在历史长河中

生生不息永流传的不仅是张载阳这个人，更是张载阳将军身上永不熄灭的忠义精神，它指引着人们砥砺前行，不轻易抛弃民族气节。张载阳是值得人们尊敬的好将军！

　　也许在这片海洋里，张载阳不过是一滴水，可与他人不同的是，他激起了巨大的浪花……

爱民梁葆仁

　　白驹过隙，岁月如梭，历史的车轮滚滚前进，一路上有着千千万万的人掠影而过，可有那么一个人，在这条道路上，人影清晰。他勤政廉洁、革除弊政、造福百

姓,被湖广总督张之洞誉为"湖北第一好官",这个人就是梁葆仁。

梁葆仁,新昌回山镇中宅村人,清光绪十二年(1886)成为进士,十六年(1890)以候补知县签发湖北,二十三年(1897)出任湖北天门知县,直至二十八年(1902)卸任,在任为期共十二年。

梁葆仁为人刚毅质朴,自幼家贫,族兄不忍心,便出钱为他买柴米,得益于亲人的支持,梁葆仁才能游学省城。当时湘军的首领彭玉麟到杭州,想要网罗人才,他十分欣赏梁葆仁,因此想要招揽梁葆仁到他的门下,然而令人意外的是,梁葆仁委婉地拒绝了他。

直到光绪十二年(1886)梁葆仁考上了进士,十六年(1890)以候补知县签发湖北,因受总督张之洞、按察使陈箓赏识,在二十三年(1897)的六月，梁葆仁任职天门知县，委办京山塘心口堤工。当时洪水陡涨，长江堤防溃决，百姓情急之下被困在屋顶上，形势十分严峻。梁葆仁沉着下令，应对灾难，他吩咐用船来开展此次救援，成功拯救了一千二百多人。梁葆仁还命令官府设置饼粥摊救济，安顿好灾民，成功化解了天门县的危机。

当时的天门县有一个弊端，即一旦出人命官司，不论贫富是非，官吏都要先收取办案费用，因此遗留下了诸多问题。梁葆仁上任后下定决心要革除弊政、造福百姓。他办理案件时只带衙役十多人，并且严厉禁止衙役们勒索讹诈，仅仅用三个月的时间，就将之前所积累的案件全部妥善处理。梁葆仁深得民心，百姓都感叹他们遇到了一个好官。

梁葆仁任职多年，始终恪守着自己的原则，他最大的特点便是爱民。当时天门遭遇饥荒，梁葆仁

体恤百姓，便下令打开粮仓进行救济，并且制订了一系列方案，例如编定人口，以五天为期限，以军队点名式发放粮食救济，解决了长期积累下来的弊病，成功帮助当地百姓解决困难，渡过了饥荒的生存难关。他还组织人民买地种桑，等待桑园成林后，把这些收入作为书院的经费。百姓们十分感激他，他却摆摆手摇头说道："这是土地适宜种桑，并不是我的功劳，等到有一天能够与江浙地区同样富庶，我的愿望也就了结了，但我的病日益严重，不知能否见到桑树成林的那一天……"

士民听闻之后，百感交集，知道他心中已萌生退意，众人奏请挽留。梁葆仁不忍拂去大家的好意，便一边调养身体一边留任，兢兢业业地处理着政务。当时八国联军进犯北京，各地纷纷响应义和团起义，县内教堂有多处被焚毁，梁葆仁费尽心血，竭力调停。后来，他因病不得不回乡调养，离任之日，妇孺儿童都落泪为他送行，心中仍然期盼他能够回来继续任职。

梁葆仁返籍后，仍不忘造福乡梓，将朝廷奖励给他的白银捐赠给当地村民用作移山填土造田的资金，并出资创办私塾。知新学堂创办之初，梁葆仁除了慷慨捐助资款以外，还亲自撰写了《知新学堂记》。

如此一好官，将百姓视同亲人放在心上，凡事亲力亲为，以实际行动表达自己对人民的关怀。有人认为他刚毅木讷，可恰恰是如此质朴单纯的木讷，才造就了他一心为民的高尚。"湖北第一好官"并不是对他的过誉，以"湖北第一好官"的称呼将梁葆仁的身影定格在历史之中，爱民的梁葆仁值得这般赞美。

拒蒋马寅初

在嵊州这片土地上，有一个人妇孺皆知，2019 年 9 月 25 日，他被评为"最美奋斗者"个人，他就是马寅初。

马老自幼聪颖，刻苦攻读，曾留学美

国，获博士学位。学成回国后，拒绝军阀、政客拉拢，毅然到北京大学任经济学教授，致力于教学与科研，著书立说，抨击时弊，成为五四运动前就声望很高的教授。

他曾担任南京政府立法委员，新中国建立后曾任中央财经委员会副主任、华东军政委员会副主任、重庆大学商学院院长兼教授、南京大学教授、北京交通大学教授、北京大学校长、浙江大学校长等职。同时，他仍潜心考察研究，发表高质量论文四十多篇，其中《新人口论》更是一篇卓有见地的不朽之作。他在1957年因发表关于"新人口论"方面的学说而被打成右派，然清者自清，党的十一届三中全会后得以平反。

他一生著述颇丰，特别对中国的经济、教育、人口等方面有很大的贡献，有当代"中国人口学第

一人"之誉。

　　或许正因如此,许多人对马老的印象都停留在他是中国当代经济学家、教育学家或是人口学家上,而不知道这个百岁老人在民国时期曾与蒋介石有过一段凸显个人价值的故事。

　　马老曾经当过蒋介石的老师。抗日期间蒋介石派人给马老送来名片,用委员长的名义请他赴宴。马老对来人说:"委员长是军事长官,我是个文职,文职不去拜见军方!再说我给委员长讲过课,他是我的学生。学生不来拜见老师,却叫先生去拜见学生,岂有此理!他如真有话说,叫他来找我!"

　　蒋介石虽然吃了闭门羹,但依旧希望能够让马老上任,所以又派人来游说:"委员长说了,您是他的老前辈,既是老师,又是浙江同乡。委员长推荐您任财政部长,或者是中央银行行长。"

马老笑道："你们想弄个官位把我嘴巴封住，办不到！"

来人可能误会了马老的意思，便自以为是地说："那么，请马老先生买些美钞吧，政府批给您一笔外汇，这可是一本万利的生意啊！"

马老听罢干脆利落地答道："不，不！这种猪狗生意我不做！我不去发这种国难财！"

来人看到马老生气的模样，再加上他如此严厉的言语，只得灰溜溜地走了。

除此之外，马老还曾在学校小礼堂做演讲。会前，他发现校内有特务跟踪，但马老仍从容不迫地走进会场，义愤填膺地说："我晓得人群里面有特务，用手枪瞄准我的胸膛。我不怕！怕就不会到这里讲话了。我反对国民党贪污腐化，反对蒋介石的独裁……我不要当立法委员……有人骂我当学生尾

巴，有人却当了美国人的尾巴，那才是可耻的……"

由此可见马老还是一位英勇不屈的民主战士！在民族危亡的紧急关头，他挺身而出，写文章、做演讲，反对官僚资本主义和通货膨胀，反对出卖民族利益和独裁统治。

因为这些爱国行为，马寅初受到国民党反动派的迫害，被囚禁于集中营达数年之久！

马老用他的言语和行动告诉我们什么叫作坚定不移，什么叫作临危不惧！他在实现个人价值的同时，也将不朽的共产主义精神传递到我们的心头。

英杰王金发

　　在辛亥革命年间，绍兴出现了一批又一批热爱祖国的热血青年，他们心怀祖国，心存百姓。在这群青年中，有一位被孙中山称为"东南一英杰"，被黄兴称为

"东南名士,英雄豪杰",蔡元培更是为他写了传,称他"磊落妩媚"。

听闻他牺牲,孙中山沉痛地说:"天地不仁,歼我良士。"战友将他葬在西子湖畔后,蔡元培还为其墓题了词:"生死付常,湖山无恙;智勇俱困,天地不仁。"

他就是革命英雄王金发。

王金发十八岁加入乌带党,被举为"龙头",毕生从事反清斗争。曾任绍兴军政分府都督、国民军副司令、驻沪讨袁军总司令等,是辛亥革命时期的风云人物,短短一生中充满传奇色彩,所以被孙中山誉为"东南一英杰"。

据说,在杭州光复后,革命党人推举"于光复无寸功"的汤寿潜为光复之后的第一任浙江都督。对此,王金发十分愤怒,他梗着脖子嚷:"予等拼性命，炸军库，而汤某坐火车来，为现成都督，奈何坐视不管？"

因为他的愤怒，他也有了一个绍兴都督的官衔。

对于王金发来说，督绍期间最扬眉吐气的莫过于轰轰烈烈地祭奠恩师徐锡麟和秋瑾，厚恤革命先烈家属，惩治与秋案有关人士。

秋瑾一案，当时传闻是叛徒章介眉告密，事实也确实如此。而那时的章介眉，早已嗅出形势不对，摇身一变成为"咸与维新"者，和王金发站在革命的同一战线上。

王金发当然晓得章介眉的小九九，便以"有要事商量"为由，将章介眉诱至府衙门猝然逮捕，同时，还派兵出其不意地封锁了章宅，然后调齐章告密的案卷，准备举行公开会审。

在那段日子里，章介眉被戴上纸糊的高帽，游

街示众，并跪在秋瑾烈士就义处的古轩亭口。他的头顶套上一只火油箱做的桶，边上放着棍子和小石块，供路人经过时敲打和投掷……

王金发做都督亦如做"强盗"，有恩报恩，有仇报仇。后来因为黄兴、陈其美出面求情，所以王金发才放了章介眉。

然而做官毕竟不同于打仗，更不同于快意恩仇的绿林生涯。于王金发来说，武略固然有，文韬终究欠缺些，所以到后来，督绍竟被劣绅攻击成"祸绍"。

后来王金发死于章介眉和朱瑞之手。王金发就义前，昂首挺胸，神情从容，嘴角还带着笑纹，仿佛他并不是去赴死，只是出一趟远门而已。

王金发这样的莽男儿，从来是不怕死的，他从十八岁入乌带党开始就把脑袋系在裤带上。可惜的是，他应该死于光复时的枪林弹雨，历史却让他死在小人手里，王金发死时年仅三十三岁。

正是有了这样不畏强权、不怕牺牲的革命勇士们，我们才能够享受现在的幸福和安宁。所以在享受绍兴这片朴实的土地带给我们富饶的物质生活与美丽的自然风光的同时，也不要忘记曾为我们默默付出的人们！哪有什么岁月静好，不过是有人替我们负重前行！

英雄尹锐志

尹锐志，如同她的名字一般，锐利而有意志。

辛亥革命期间，浙江涌现一批巾帼英雄，解下系在腰间的围裙，放下手中操持的家务，或抛家别子，或投笔从戎，英勇地投身革命之中，在历史长河中画下了浓墨重彩的一笔。其中，尹锐志描绘的色彩尤为鲜艳。

尹锐志出生在浙江嵊县，十五岁携妹妹尹维峻到绍兴，入明道女学堂，深得其师秋瑾赏识，随后加入光复会，曾被派赴上海光复会秘密联络机关锐进学社工作。

既然被称为"辛亥革命著名女杰"之一，尹锐志必有她的独到之处。绿鬓红颜的女孩，在本应安逸的年纪偏偏叛逆地选择参加革命，十五岁的她用坚定的革命信念为光复会增添热血，开始奔赴在革命前线，赴汤蹈火、无惧生死。她其实并没读过多少书，对革命也没有经验，支撑她坚持下去的理由很纯粹，只是对自我、对自由的追求。

世间英雄都并非横空出世，要问是谁引领尹锐

志走上了革命道路，非她在明道女学堂的老师秋瑾莫属。秋瑾教导她学习、生活，引领她走上革命道路，是尹锐志黑暗迷途中的启明星。秋瑾还在上海成立了一个文学社，取尹锐志和她妹妹尹维峻名字中各一字，名为锐峻学社。后来锐峻学社成为光复会在上海的联络点。尹锐志负责协助秋瑾做《中国女报》的发行工作，尹维峻作为报童，一面卖报一面收集情报。尹氏姐妹就这样一边掌管学社，一边筹备起义。

在秋瑾就义之后，尹锐志发誓一定要为老师报仇雪恨。毫无科学基础的她苦心钻研了多本书，通过自学，成了炸弹制作专家。1909 年，她与妹妹携带炸弹潜入北京，试图暗杀清朝权贵，却因没有良好时机，潜伏了将近一年后，无功而返。龙潭虎穴中，身单力薄的女孩如行走在刀尖上，同死神打着交道。

尹锐志的英勇无畏和刚强刚烈的品格得到了孙中山的赏识，孙中山在就任临时大总统时期，任命尹氏姐妹为总统府顾问。两姐妹一道成为总统顾问，同时身兼总统保镖，这恐怕在世界上也绝无仅有。当然尹锐志也不负重望。一次孙中山在上海观看演出，一个刺客假扮小生行刺孙中山，被尹锐志看穿，千钧一发之际抬手一枪将舞台上的吊灯击碎，擒住了刺客。随后，凡在公共场合，孙中山身旁总会有一个身携双枪、矫健飒爽的身影。

在那些硝烟滚滚、各路文武英雄逐鹿拼杀的日子中，尹锐志恶于官场的腐败，心寒于世态炎凉，功成身退，潜下心来，习读经文，过上了平淡的生活。1916 年，尹锐志嫁给了同乡周亚卫，但甜蜜的

温柔乡终究抵不过心中对国家的关注。结婚后的尹锐志便步入了实业救国之路，筹建汽车制造厂，建造炼油厂，推行职业教育，等等。直至1946年，为爱国热忱所驱使，尹锐志又燃起政治热情，着手重操光复会，自任会长，会员达十九万人。

"为民不求名利，不求荣辱；为民事平等，求民权；为民求富强，愿牺牲个人之幸福。"1948年冬，尹锐志于病榻上写下这段话。第二天，便溘然长逝。

不为利，不求荣，民国之花就这样零落，默默地化为泥碾作尘，滋养培育着下一代……

黄泽魏金枝

　　在黄泽，有这么一位农民作家，他在上海积极从事文化运动，曾六次受到毛泽东主席的接见，他就是"中国最成功的一位农民作家"——魏金枝。

1917 年，十七岁的魏金枝考入浙江第一师范学校。据当时传言，他原名魏义云，因只念过几年私塾，为报考师范，借用了同伴"魏金枝"的高小文凭，遂沿用此名。

他参加文学团体晨光社，毕业后任中学教师和上海总工会秘书等职；他加入中国左翼作家联盟，参加《新辞林》和《文坛》的编辑团队；他担任上海市教育局特约研究员、《文艺月报》编委、《上海文学》副主编、《收获》副主编、上海市作家协会书记处书记、上海市作家协会副主席等职，还兼任上海师范学院中文系主任。1928 年，他的短篇小说集《七封书信的自传》被鲁迅誉为"优秀之作"。

纵观其一生，他集诗人、小说家、散文家、文学编辑、大学教授于一身，被誉为"和鲁迅、茅盾一起构成浙江文学的完整世界"。

　　魏先生曾经与梁老师发生过一场"笔墨官司"，通过那场"官司"可见魏先生作为一个文人的态度。

　　梁老师是一位资深的高中语文教师，在文艺理论方面也颇有造诣，曾在中国作协的机关刊物《文艺报》上发表过批判"胡风反革命集团"成员的论文。在魏先生回嵊州前的几个月，梁老师看到魏先生在《东海》文学月刊上发表的评论鲁迅《故乡》的文章后，就写了一篇持不同观点的评论。

　　《东海》编辑部出于对魏先生的尊重，把梁老师的原稿寄去让他看了。魏先生当然是坚持自己观点的，于是在此后同一期《东海》上出现了两篇针锋相对的文章。

　　当时魏先生回到嵊州后刚好去梁老师所在的学校进行文学讲座，一位同学在自由发言时就向魏先生问及那件事情。魏先生回答得很简洁，大意是这

是学术争论,没必要评判谁是谁非。其实,讲座开始时梁老师也在场,只是坐在门口,可不知什么时候已悄然离去。

当时有个年轻不懂礼数的学生,就在魏先生讲话时冒失地插了一句:"刚才梁老师也在呢!"

魏先生听后只"哦——"了一声,便岔开了话题。

其实确实如此,在这个世界上有许多事情不一定是非黑即白的,没有那么绝对,正如"一千个读者就有一千个哈姆莱特"一样,而魏先生听到那个冒失的学生说的话后转移话题,没有对学生或者对梁老师的观点展开批评,不由让人赞叹。这种属于文人作家的大度与文化自信一下子就展现了出来。

感恩黄泽这片土地,孕育出了这么一位伟大的"农民作家"!

越剧范瑞娟

越剧发源于浙江嵊州，发祥于上海，繁荣于全国，流传于世界。它作为首批进入国家级非物质文化遗产名录的剧种，有"第二国剧"之称，也被称为"流传最广

的地方剧种"。

就在它的发源地，有着这么一位传奇的女子：她广泛吸收各种艺术营养，勤学苦练，练就较为宽厚的音色；她能自如地运用丹田之气和头腔共鸣相结合的发声方法，中低音厚实，高音响亮有力，使唱腔凝重大方，富有阳刚之美；她在唱腔和表演上，继承了前辈朴实的风格，并博采众长，将学习到的京剧运腔特色和唱腔因素，融于自己的唱腔之中。

她就是独具特色的越剧小生流派——范派的创始人：范瑞娟。

在舞台上，她既善演梁山伯、焦仲卿、郑元和、贾宝玉这类正直、厚道、儒雅的古代书生，也能把文天祥、韩世忠、李秀成这样的忠臣良将塑造得铿锵刚韧，还可以将贺老六、扎西这样的近现代人物呈现给观众。这些人物无一不充满了阳刚之气，以至于很多观众都会猜测生活中的范瑞娟是不是也像个男子。由于这种"误会"的存在，还传出了一个有趣的小故事呢。

某一次演出结束之后，有一位热心观众被范瑞娟演绎的角色吸引，便在后台等待范瑞娟，想与她合影留念。对于台上的人物，范瑞娟一直秉持着不能带一点"脂粉气"的原则，正式演出更不必说了。即使是清唱，她也会选择偏中性的穿着打扮，以便更接近角色。由于长期演出造成的油彩过敏，范瑞娟的脸上有两块永久的疤痕，但她为了表达自己对别人的尊重，每次出席正式场合或是接受采访之前，都会认真地化妆更衣。

那次她恰巧要去见一位重要朋友，便在后台化了个妆，穿上了朴素而美丽的裙子。当她走出后台时，由于在外边等候的观众迟迟没有等到心中的那

位"范瑞娟"，又看到正向他迎面走来的范瑞娟，眉目与舞台上的角色有几分相似，便上前问道："你好，你的哥哥还在里面更衣吗？"

范瑞娟一头雾水地说："我并没有和哥哥同台演出，您是不是找错人了？"

观众有点惊讶，又接着问："那您刚刚扮演的是什么角色？"

之后那位观众才知道，原来自己在后台等待的风流倜傥公子，在生活中是一位温婉漂亮的女子啊！

出生在嵊州县黄泽镇的范瑞娟通过自己的勤学苦练，完美地诠释出了女性不仅可以扮演小生，还可以赋予小生十足的阳刚之气。除此之外，她将发源于嵊州的越剧艺术带向了整个世界，让越剧在世界的舞台上散发着独属于它的魅力。这么看来，范瑞娟不愧为越剧星海中闪亮而又耀眼的一颗明星！

凤鸣魏伯阳

魏伯阳，本名魏翱，会稽上虞人。东汉时期黄老道家，炼丹理论家，道家丹鼎派的理论奠基人。他出身高门望族，生性好道，不肯仕宦，闲居养性，时人莫知。在魏伯阳的生命中，凤鸣山是一个特殊的地方，它是魏伯阳生命的由来，也见证了他人生中巅峰时期的辉煌。

伯阳父母在西汉末年为躲避战乱，迁居到上虞县金罍山的老宅。魏公乐于助人，是方圆百里的大善人，然而魏公年近半百却无子嗣。所以每逢佳节，魏公夫妻都会上山向九天玄女上供，祈祷可以早日抱上孩子。恰值元宵节，夫妻俩照常去参拜了九天玄女。当日回家之后，九天玄女托梦给魏夫人，告诉她王母送子给她，魏夫人醒来之后，同魏公说起此事，后来便得知有孕。十月怀胎，一日分娩，魏家得了麟儿，满月之日，魏公为孩子取名，字伯阳。

第二天早上，魏公夫妇带着魏伯阳上凤鸣山，感谢九天玄女元君。阴真人告诉魏公夫妇伯阳日后必有成就，是道教中的祖先，但是需要经历重重磨难，才可以成大器。

后来魏伯阳在长白山游历时，遇到一位道行高深的真人，向魏伯阳传授了炼丹的秘诀。而后他回到凤鸣山炼丹。在此期间，也发生了许多故事。据东晋葛洪《神仙传》和现代《辞海》记载，魏伯阳曾率弟子三人入山炼丹，丹成，试喂狗，狗食即死，伯阳说："吾背违世路，委家入山，不得道，亦耻复返。死之与生，吾当服之。"服后即死。弟子巡虞见状，也毅然照师傅服丹，也即死。另两弟子不敢服丹，出山而去。伯阳见两人去，便起身吐出仙丹，纳入徒弟和狗口里，徒弟和狗也醒过来。他便带着以命相随的徒弟和那条狗，飘然而去。

如今看来，吃了丹药后魏伯阳和他的弟子是否真的升仙已经不能求证，唯一可以求证的是另外两个弟子的诚心不够。

魏伯阳在凤鸣山养性修真期间，在继承《古文

龙虎经》炼丹基础上，经反复实践，终于达到当时炼术的顶峰。他借《周易》爻象论述，把"大易""黄老""炉火"三家理论参照会同契合为一，撰《周易参同契》。这是世界上最早的炼丹术著作，被后世称为"万古丹经王"。《周易参同契》也因此在世界科技史上有重要地位，美、英、俄等国的教科书和百科全书中都有提到，著名科学家李约瑟称它是"全球第一本这方面的书籍"。我国科学家钱学森指出：《周易参同契》是第一本中国古化学著作，这是中华古代文明对世界文明的重要贡献，也是对世界化学科学的极大贡献。"

凤鸣山是他生命的起源，在这里他取得了人生最高成就，实现了人生的圆满。魏伯阳的一生，也正如凤鸣二字：不鸣则已，一鸣惊人。

开道谢灵运

　　谢灵运，原名公义，字灵运，以字行于世。他少即好学，博览群书，工诗善文，其诗与颜延之齐名，并称"颜谢"，是中国第一位全力创作山水诗的诗人。

他生性自由,放荡不羁,被贬为永嘉太守后,便任情遨游,也正因为被贬官,他有了更多的时间游山玩水。但凡游山,必定要探寻最为险峻幽深的地方。为了便于行走山路,谢灵运还发明了一种被后世称为"谢公屐"的鞋子,在上山时便去掉前面的鞋齿,下山时则去掉后面的鞋齿。

谢灵运家族家底丰厚,回到会稽后也生活富足,奴仆众多。因此每每游山玩水时,有许多的门生故吏与他一同前往。在一次寻常的出游中,谢灵运在探幽寻秘间来到了天姥山。然而,天姥山的神秘虽然吸引了谢灵运,但也注定了其人迹罕至,道路难寻。"连岩觉路塞,密竹使径迷",谢灵运就带领着百余人浩浩荡荡地伐木取道,从始宁南山一直到临海。时任临海太守的王琇听闻,以为是山贼来袭,甚是惊恐,后来得知来的是谢灵运才安心。这条古道保存至今，被命名为"谢公古道"，在浙江新昌斑竹村内仍可寻得其中一段。

在伐木取道期间，天姥山的绿樟巍峙、峰峦高耸触发了谢灵运的诗意灵感，让他留下了许多脍炙人口的诗句，如"暝投剡中宿，明登天姥岑""白云抱幽石，绿筱媚清涟"等佳句名篇迭出，自此之后，天姥山名扬天下。

后世越来越多的诗人才子慕名来到天姥山，李白也曾到谢公古道感受谢灵运当年所见的天姥山清丽的景色，写下《别储邕之剡中》，留有"借问剡中道，东南指越乡"的诗句。后来，四十六岁的李白居住在东鲁，仍然对天姥山魂牵梦萦，竟然在梦中又去了天姥山，在梦醒后趁着余兴，写下了气势恢宏的佳作《梦游天姥吟留别》："天姥连天向天横，势拔五岳掩赤城。"奔放飘逸的情怀，使这座诗仙歌

之向之的山岳，愈加名扬四海。

天姥山也就成了古代文人雅士心中的圣山，"一座天姥山，半部《全唐诗》"。《全唐诗》共收录了两千多位唐朝诗人的诗篇，其中竟有四百五十多位曾抚剡溪之水，望天姥之峰，留下了洋洋洒洒一千五百多篇咏颂天姥山的诗篇。

在自然山川中，我们才能短暂地忘记现实的烦恼和忧愁，将我们蒙尘的心灵洗涤一清。因此，谢灵运创作山水诗的黄金时期恰好是在他永嘉被贬的一年时间里。

在群山环绕中，永嘉的山水赋予了谢灵运无限的灵思，而他也选择用手中的笔记录下由所见所感再到所悟的过程，将自己的感悟通过诗句传达给世人。

状元罗万化

　　罗万化，字一甫，号康洲，是明朝的文状元，出生在上虞长塘一个普通的乡村农家，六岁时在私塾中开蒙读书。

　　嘉靖三十四年（1555），十九岁的罗

143

万化中了秀才，于是他来到绍兴阳和书院继续求学。求学期间，他还在书院中撰写过一副楹联："看剑检书，莫谓少陵只措大；斗鸡屠狗，从来此地有英雄。"道出了即使出身贫寒也能成大器的胸怀大志，也赞扬了先生俞咨益不轻视贫寒之士、唯才是举的博大胸怀。

罗万化三十二岁时中了状元，家中顿时门庭若市，他便站在门口恭迎各位前来祝贺的宾客。他的目光在人群中穿梭，寻找自己启蒙先生阮大绩的身影。突然，家人前来禀告说阮大绩先生不愿启程，罗万化想到先生的为人，心中便明了。

第二日清晨，天蒙蒙亮，罗万化穿戴整齐，让家人备轿出门。仆人问他这么早要去何处，他笑着说道："我要亲自去登门拜访一位对我恩重如山的人。"

他乘着轿子到了村口，又乘船到达道墟镇肖金村毓秀桥。下船后他就让船夫在原地等他，他自己则步行前去隆兴台门看望恩师阮大绩，船夫和轿夫急忙劝道："这里距离隆兴台门还有很长一段路，还是坐船或者坐轿子去吧！"罗万化却严肃地回答说："学生去看望老师，怎么能坐船坐轿去呢？"说完，他就只带着一个挑着礼品的仆从步行前去隆兴台门。等到了之后，他对仆从嘱咐："礼品一送到，你就引大轿来。"

阮大绩此时坐在堂屋内，见到罗万化也并未起身。罗万化跨进门槛后就向恩师下拜赔礼，抱歉地说："请先生饶恕学生未能亲自迎接。"阮大绩摆了摆手，让他起来，说自己年岁已高，身体不便，去长塘状元府贺喜就免了。罗万化又拜了拜，连声说道："恩师教诲，学生没齿难忘。"阮大绩伸出手将

他扶了起来让他免礼。

　　罗万化起身后又拿出银两递给师母，感谢师母当年在自己进京赶考时的慷慨解囊，师母连连推托。随后罗万化又拿出一张地契，双手交给阮大绩，说："这是我为您和师母准备的养老的房屋土地。"阮大绩接过地契，表明自己家中虽然钱财不多，但是也够养老糊口，这些钱归于阮氏宗祠，用来接济家族中贫困的家庭。

国学马一浮

马一浮，是中国"现代三圣"之一，新儒家代表人物，著名思想家，浙江绍兴人。

父亲曾做过晚清政府的县令，算是个"官二代"。不同的是，那时的中国越是官宦之家，越是重

教育。他三岁开始读书认字，四岁到私塾旁听讲课，十岁时，父亲请来当地小有名气的举人郑墨田来教导马一浮。但仅仅过了一年，郑墨田就递上了辞呈，并非马一浮顽劣，而是老师觉得他过于聪慧，自己无力教导，从此父亲当起了马一浮的老师，但是渐渐发现与其教他还不如让他自学。自此，马一浮再也没有拜过一位老师，也未进入任何一所学校，全靠自学成了一代国学大师。

马一浮推崇国学的道路可谓坎坷。

民国初期，教育部取消了读经讲经，废除了八科之首的经学科，然而在马一浮看来诸子经典是最能"修心""培国本"的学问，于是他向教育部部长蔡元培提出了两个建议：一是恢复"读经讲经"，二是"设通儒院，以培国本"。然而他的建议在当时新文化领袖蔡元培看来"不合时宜"，便予以搁置，马一浮见状立即请辞离开教育部。

离开教育部的马一浮随后来到新加坡，看见自己对教育部的建议，在这里居然成了现实。他心情复杂，既赞扬新加坡"可谓能知本矣"，又感叹在中国"礼失而求诸野"，无视自家传统文化瑰宝，反而到处盲目追求没有长远价值的西方文化。

然而真正使他从一个激进青年成长为国学大师的，是1903年他到达美国的那一刻。他剪掉了辫子并改穿西装，从外表上与旧时代彻底决裂。他阅读大量西方思想著作，然而越是博览群书，越是更加确信，西方思想不能真正拯救中国。因为只有传统的中国文化才是修心之学，才能真正树立起一个不倒的民族。

留洋归来的马一浮隐居西湖广化寺，青灯素食、潜心研读历代国学著作，用了三年的时间苦读了清

代巨著《四库全书》，阅读历代诸子文章七千多册，深入研究佛学，通晓三藏十二部。他曾发起组织过"般若学会"，弘一大师李叔同的出家就是受到他的"接引"，使其由一名学兼中西的文艺全才，转变成为一心向佛的虔诚教徒。

经过苦心钻研，他编纂了《泰和会语》和《宜山会语》两部著作，让后世懂得什么是真正的国学，如何去认识真正的国学。

所谓"国学"，即是"六经"，是中国人立国和做人的基本依据，是中华文化价值伦理的源泉。其高明之处在于，把"国学"定义为"六经"，可以跟教育相结合，进入现代教育体系，大力推广。

作为一名中华传统文化思想的集大成者，马一浮认为国学包含了人类所有时代的内容，蕴含着真善美的永恒价值，他努力使这种文化精神推及全人类，革新全人类习气之流失，以中华传统文化之道，拯救人类于水火之中。

幸运的是，现今的国人渐渐认识到传统文化的价值和力量，意识到复兴中华传统文化是真正的皈依。今天对马一浮国学的重视，也是国民思想价值体系回到正轨的表现之一。

1967 年，马一浮因肺病与世长辞，同为"现代三圣"的梁漱溟为马一浮的追悼会发去的挽电中，称马一浮是"千年国粹，一代儒宗"，也有学者称其为"继王阳明之后的大儒"。而在马一浮自题的墓志铭中，他认为自己的学问不足以留名，自己终其一生已尽力与儒墨同流，已能放心归去了。

坚贞竺可桢

竺可桢从小就是大人口中"别人家的孩子",成绩优异,但不像方仲永那般长大后就寂寂无名,反而在气象学方面发光发热,成为中国近代地理学和气象学的奠基者,同时也是领路人。

竺可桢自幼就聪明好学，五岁时进入学堂开始念书，七岁开始写作文。他写作文从不是为了凑字数，常常是自己写了一遍，觉得不好，于是重新拿起笔另写一篇，一直写到他自己满意为止。

有一天晚上，等他完成自己一天的学习计划，躺上床准备睡觉时，公鸡已经开始啼叫，母亲怕这样下去会影响他的身体健康，就采取了陪学的方式来监督竺可桢。有时候他会随母亲睡着，但是当天蒙蒙亮，鸡开始打鸣的时候，他又会爬起来背诵老师所教授的文章。

这种刻苦的精神使他不仅在学习方面取得了优异的成绩，更是对他自己以后的人生产生了巨大影响。

竺可桢从小学毕业升到上海的澄衷学堂时，一件学习以外的事情困扰住了他：虽然他的才学在学

校无人能比，但他的身高体重都达不到同龄人的平均水平。他也因此成为其他同学讥讽和嘲笑的对象。

有一天，在教室外面的走廊里，迎面走来了几个同学，有的朝他挤眉弄眼，有的故意大声挖苦："好一个寒酸的小矮子，准活不过二十岁！"这几句话深深地刺痛了竺可桢。于是他连夜制订了一个锻炼身体的计划，还将"言必行，行必果"这条格言抄贴在宿舍的床头，时刻警醒自己。

从那以后，竺可桢每天听到鸡鸣就起床到校园里跑步、做操、舞剑。在一个下雨的清晨，竺可桢从睡梦中被雷声惊醒，看到窗外密密麻麻的雨点，他犹豫了一下：今天还要不要起床锻炼呢？想到有一回间断，就还会有第二回、第三回……他迅速起床换衣服，冒雨完成了自己当天的锻炼计划。

就这样坚持了一段时间，竺可桢的体质得到了明显的提升，他再也没有请过一堂课的病假，并且全班同学，包括那些曾经嘲讽过他的同学，都开始称赞他是"智体并重"的模范。

他坚持不懈的付出最终也得到了应有的回馈，先考入唐山路矿学堂（今西南交通大学），后选入伊利诺大学农学院学习，毕业后转入哈佛大学地学系。后来他怀着一腔报国为民的热血，回到了阔别八年的祖国怀抱。回到祖国后也不受高官厚禄的引诱，充当起了园丁，在学校教授地理和天文气象课。

竺可桢的一生，正如他的字"藕舫"，藕虽然埋没于污泥之中，但它将自己的全部营养贡献出来，使莲花亭亭玉立而不被烂泥污染，而且藕本身也是洁白的。

一生如藕，洁白无瑕；气象研究，亭亭玉立。这就是竺可桢。